この本は環境法の入門書のフリをしています

西尾哲茂

信山社

この本は、環境法の入門書のフリをしています。おまけに、法学バックグラウンドでない人のためのガイドも付いています。

でも本当の願いは、読んだ方にワクワクしていただくことです。

色々な環境立法に参画してきましたが、いつでも楽しくやりたい。

困って泣きながら仕上げたものも沢山ありますが、なぜか、しょっぱい。〝おお、友よ！このような調べではない！歓喜に満ちたものでなければ…〟第九でいこう。

小さなことでいいから、何かいいことないか？

そんな気分で陽気にやっていると、喩が面白いとか、発想が飛んでいるとか、変則・変拍子、何でもありと言われるようになりました。

奇想奇抜でワクワクしていると、何だか良い方向に進んでいきます。

皆さんに〝プチわくわく〟をプレゼントしたいなぁ～それがこれ。

最初は、〝すごーい〟とうれしかった、「世界で一番厳しい規制」からです。

目次

目　次

目次

目　次

Ⅰ　世界で一番厳しい規制

1．世界一の排ガス規制！そうだ、これでいこう

㈠　小泉総理は、二〇〇三年通常国会の施政方針演説で、世界一厳しい排出ガス規制を宣言。遂に二〇一〇年には、あれだけ困難を窮めていた二酸化窒素と粒子状物質の環境基準をほぼほぼクリアします。

環境対策と自動車産業がｗｉｎ－ｗｉｎ両全になったのは、二回目。

最初は米国で提案されたマスキー規制への対応の成功。どの自動車メーカーもとてもできないと嘆いたが、一九七三年日本のメーカーがいち早くクリア。しかも、燃費等の性能も同時に向上させたことで、米国市場でも優位に立ちます。

そうは言っても国内では、モータリゼーションの勃興で大気汚染はおさまらない。クリーンカーの優遇を始めあらゆる対策が実施されたが、ここでも切り札となったのが、この世界一厳

しい規制。トラック重量車では、初期に比して窒素酸化物NO_xでは五％に削減、粒子状物質PMでは一％に削減（削減率なら▲九五％、▲九九％）という〝すご〜い〟ものとなりました。

㈡　環境対応が技術開発を促し、日本の自動車産業は、二一世紀初頭、世界の頂点に立つ隆盛を迎えます。米国では、オバマ大統領が、環境対策によって自動車産業を蘇らせよう、そしてグリーンジョブ（green job）を創出しよう「yes we can」と大統領選に向かいました。この成功を引き出す鍵となった大気汚染防止法の条文を見てください*1*。

> 大気汚染防止法第十九条（許容限度）
> 第十九条　環境大臣は、自動車が一定の条件で運行する場合に発生し、大気中に排出される排出物に含まれる自動車排出ガスの量の許容限度を定めなければならない。
> 2　自動車排出ガスによる大気の汚染の防止を図るため、国土交通大臣は、道路運送車両法に基づく命令で、自動車排出ガスの排出に係る規制に関し必要な事項を定める場合には、前項の許容限度が確保されることとなるように考慮しなければならない。（3項、4項略）
> （略）

ワンフレーズで政治をリードし続けた小泉総理もすごーいのですが、たった一条でこんなことを叩き出しちゃった環境法も〝すごーい〟と思うのですが、どうでしょうか。

2. 規制は最終兵器(ultimate weapon)か？

㈠　確かに、環境法のコアは規制。通常、環境法は取締法だ、と思われていますね。公害病まで引き起こした汚染対策のため、遮二無二に、排出規制、取り締まり強化の必要があったのは当然です。

今では、大気や水質などの分野では、排出基準違反など考えられない。一発で社会的非難を浴びて企業自体ピンチになる。そういう意味では、規制は最終兵器として上手く働いています。そして激甚な汚染の克服の過程で、自動車排ガス対策でもそうだったように、むしろそれより先に、工場等では、技術開発と工場管理の向上を図り、省エネでも競争力でも優位に立ち、ジャパンアズナンバーワン、経済と環境のｗｉｎ-ｗｉｎを遂げます。

1987年の脱硫・脱硝装置の設置数

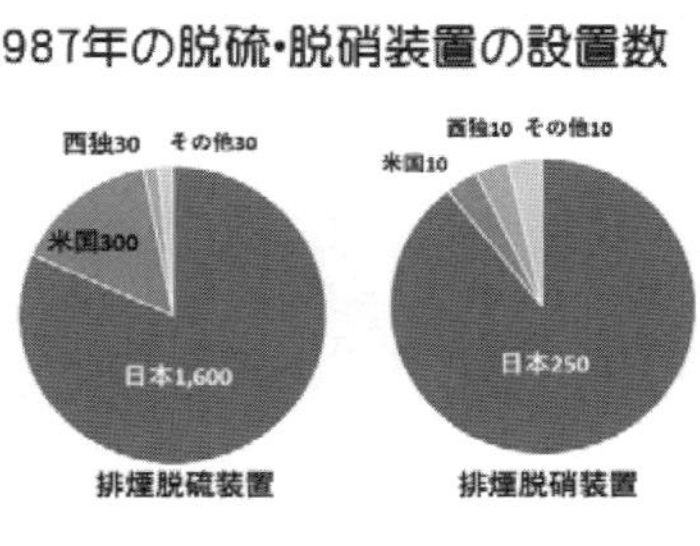

バブル経済の頃、一九八七年には、世界の脱硫装置の八割、脱硝装置の九割が日本にあったと聞けば驚かれるでしょう。

㈡　いいじゃないか環境規制でｗｉｎ-ｗｉｎだ。環境法で凛として規制を布く、企業は懸命に対策努力をする。

国の規制だけでなく、地方公共団体の条例で、基準の上乗せと、対象施設や物質・項目の追加が行われます。むしろ、地方公共団体が国に先行して取り組み、今では、殆どの都道府県・主要都市で、環境保全条例、当時は公害防止条例が制定されており、実際に適用される規制対象、規制値は、地方公共団体の規制を見なければ話になりません。

地方公共団体の環境部局が、工場の煙突、排水口からの排出を見張る、企業の工場、現場では、これにファールしないように、原・燃料、工程を改善し、管理を徹底します。エンドオブパイプアプローチの成功です。

㈢　途上国の環境規制担当者に話を聞くと、技術、資金ないないづくしで対策が進まない、また、防除装置を設置しても、検査の時しか運転しないとか、夜陰に紛れて高濃度排出をするなどの話も聞かれます。規制の重罰化を図っているが、守られないという嘆きです。

日本でも、公害規制の草創期には、同様の酷い事例もあったようですが、今日では、違反が発覚すれば社会的に大きな批判を浴び、消費者、取引先、銀行、株主の信用を無くす。重罰化路線を採らなくても、守られていると説明されます（大気汚染防止法、水質汚濁防止法の違反で最も重い罰則でも、一年以下の懲役又は百万円以下の罰金）[2]。

確かにそうでしょう。それに加えて、工場長など責任者が逮捕、立件されるのでは、企業としても当該幹部としても耐えられない、ということも大きいのではないでしょうか。

後に、何としても違反を免れるため、測定データの改ざんを行った事例が発覚し、隠ぺい行為を取りしまる大気汚染防止法、水質汚濁防止法の改正が二〇一〇年に行われています。

3. エンドオブパイプアプローチ、汚染規制の定番です

㈠　工場大気汚染を考えましょう。煙突から排出された汚染物質は、大気中で拡散され、希釈されて地表に着地しますから、その時点で十分に低い濃度になっていればよい筈です。そこでまず、健康の保護等のため確保すべき着地濃度を想定して、そこから逆算した許容限度をもって排出基準を定めます。大気では煙突口での排出基準ですが、水質では排水口での排水基準になります[3]。大気汚染では、煙突の高さなどの拡散条件が考慮されることがありますが、水質で

は、排水が出た先の水域の条件は様々でいちいち変えていられませんから、一律一〇倍希釈とします。荒っぽい？でも一桁下と考えれば、よくあることです。

騒音、振動では工場の敷地境界線でみる。つまり、敷地境界で騒音・振動の許容限度を押さえておけば、そこから離れるに従い減衰するので大丈夫と言うことです。悪臭はこれらの組み合わせです4。

(二)　発生源が多数集合すると、想定した着地濃度を超えてしまうので、総量の概念を持ち込んで適切な着地濃度に抑える仕組みが必要となります。工場単位（煙突ごとではない）の総量規制基準5と、それが目標とすべき着地濃度、すなわち環境基準です。これが環境基本法の環境基準6を設ける大きな動機となったのです。

〃おや！まず環境基準があって、排出基準じゃないの？〃確かに、どの汚染物質でも健康保護等のため確保すべき着地濃度等の水準が前提とされている筈ですが、常にこれを環境基準として定めるわけではありません。対策集中のための必要性がな

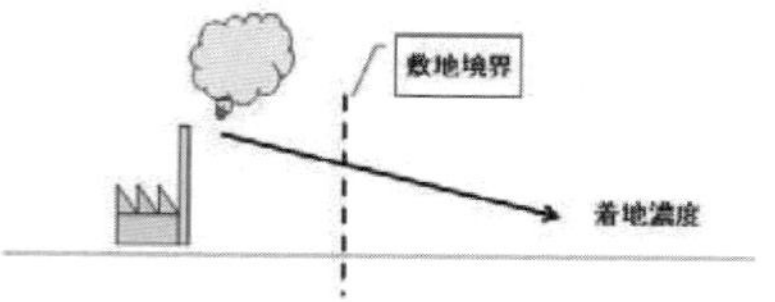

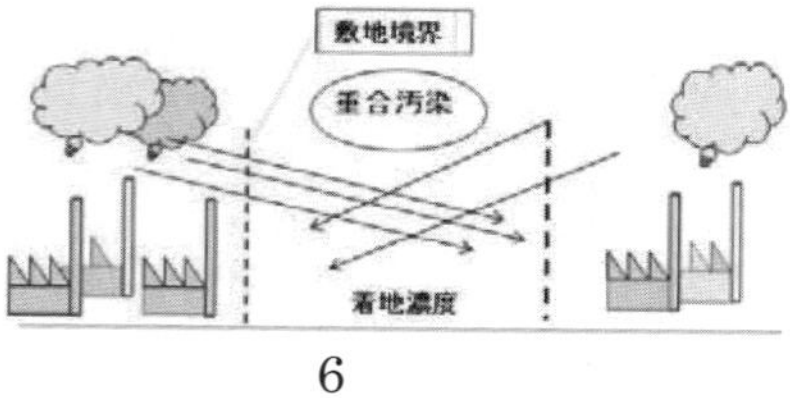

ければ必須ではありません。一般の理解と違っているかも知れませんが〝法律は冗長を嫌う〟のです。

㈢　煙突から出る瞬間がポイントなのですが、それを確保するため、大掛かりな仕掛けを置いています[7]。〝煙突の上で四六時中見張っていろ〟では実効が上がりません。

A　まず、排出口から出るとき、排出基準を守れ。当然ですね。これが根本規範で、違反には、最も重い罰則がかかります。

B　操業中守れていないようなら施設の改善など具体的な対応を命令します。

C　操業前には、施設設置に際して事前届出を求め、問題があれば、計画変更等の命令を行います。

D　排出濃度を確認できるよう事業者に測定・記録を義務付けます。

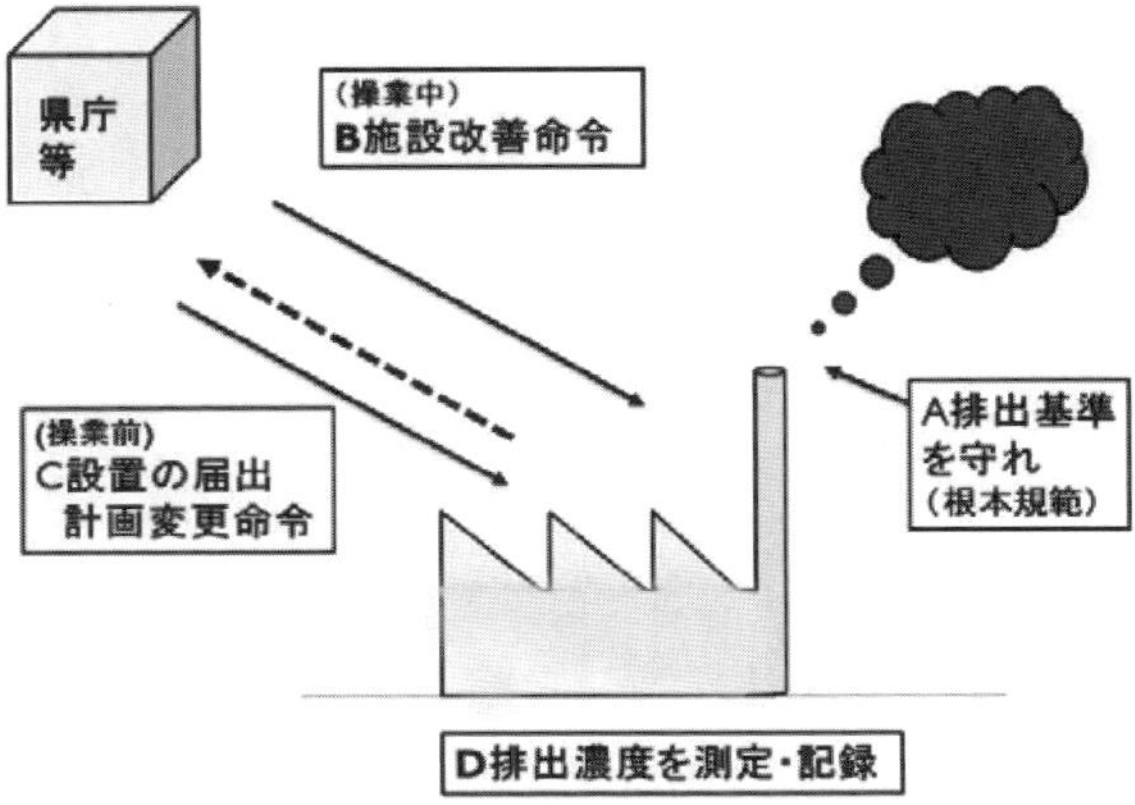

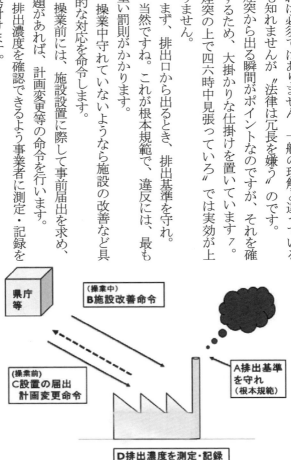

B～DはAを支援する仕組みで、従たる規範として違反には罰則がかかります。
これが汚染規制の定番、煙突、排水口というパイプの終端で捉えるのでエンドオブパイプアプローチ、効果的な手法です。

4. それが桎梏になる…

㈠ 先に「いいじゃないか環境規制でwin-winだ。」と言いましたが、その成功経験を拡大していけばよい！と簡単にはいきません。
win-winになったというのは、振り返っての話です。目前で厳しい対応を迫られては、企業も、おいそれとはOKできません。経済、経営は生き物、できる限りの努力をするが、規制は困るというのが本音でしょう。

㈡ 加えて、環境汚染に対する意識が深まり、知見が増えるに従って、懸念される汚染物質、汚染態様も広がる。要求される水準も、ギリギリのものではなく、かなり安全を見込むようになる。問題が微量、低濃度のものに及べば及ぶほど、悪影響を示す知見は〝かそか〟で不確実なものとなり、他方で対策のための技術的困難と費用は増大する道理。

しかも、法規制になれば、間違ってもオーバーしないよう、更に低いレベルで余裕を持って運転しなければなりませんから、なおさらです。

㈢　そこで企業側の言い分は、「工場内の原・燃料の選択や工程の管理では、自分達でできるだけ気を付けるから、環境法規に拠る介入は一般環境に出た後でどうしても必要な場合に限ってやってくれ」となります。

古典的な資本主義の感覚では、一見そうかいな、となりますが、これを容れると、おそらく、「排出口での規制を必要とする明白な必要性があって、かつ、対応可能な対策技術があるとき、乃至は急迫していてそんなことを言っていられないとき」でないと環境法規は発動できなくなるでしょう。

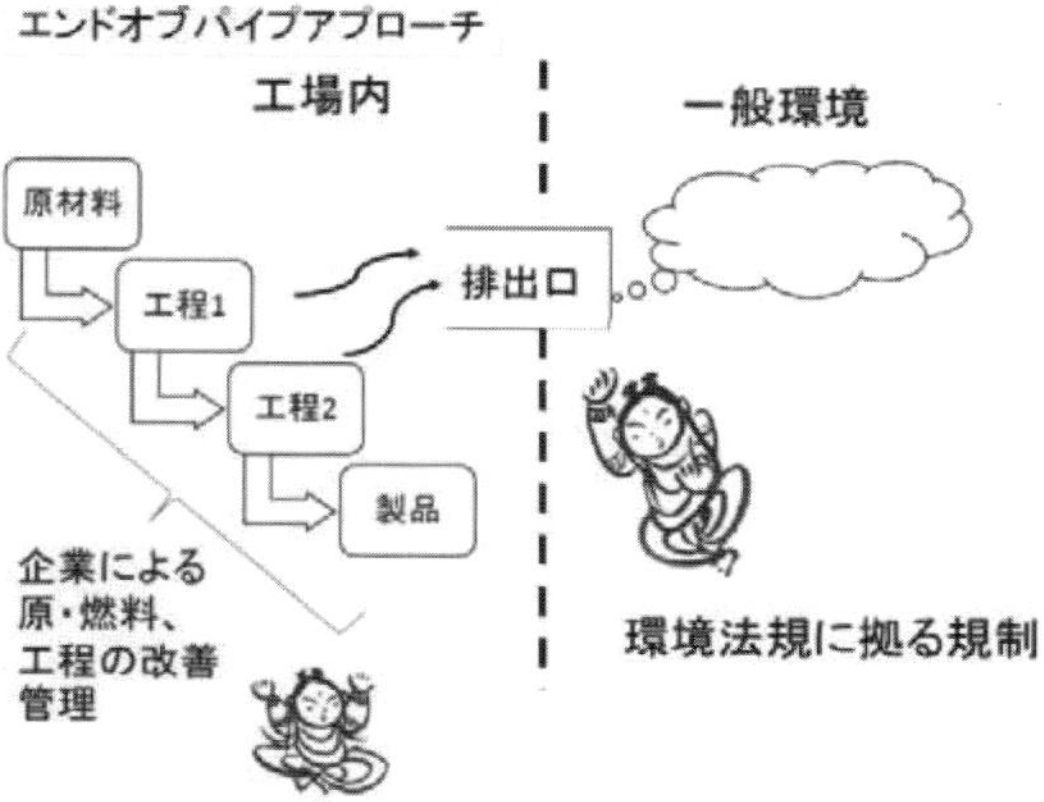

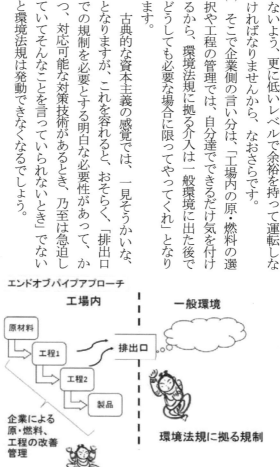

㈣　さすがにこれは酷いと言って突破する。そうすると第二のトーチカ。企業の中に入ってあれこれ言うのなら、オイコラの警察規制＝環境法規より、後見的、指導的な事業監督、事業所管省の法規の方がましだといって抵抗される。

　効果的だったエンドオブパイプアプローチが、環境法の守備範囲と二重写しとなって、桎梏となってしまうのです。

㈤　かつて大気汚染防止法で、ベンゼンなど発がん性の疑いある有害物質を広くリストアップして排出抑制をしようとしたときは、難航の末「当面、抑制努力に止め、今後の推移をみて考える」ことで妥協8しましたが、業界では、自主取り組みでさっさと大幅排出削減（九割以上）を達成してしまいました。

「なんだ、できるじゃないか。」

「そうでしょう、だから法規制はいらないのです。」だって…

「明確・急迫の必要性を説明できる範囲で規制してくれ。それ以外は企業の自主努力に任せてくれ（やるだけはやるが、できなくても仕方ない）」という防衛ライン、「自主取り組み」のトーチカはなかなか強固です。

　汚染対策の万能薬として規制を全面展開することなど、夢の夢。汚染対策だけではなく、地球温暖化防止対策においても、自主取り組み方式がフル回転。いまのところ、①自分の作る目標では甘くなりがち、②透明性が確保されないので信頼されないという批判も遠吠えに終わっているようです。

ちょっとおまけ 1　条文の書き方は簡単?

⑴　法律条文の用語や書き方はいろいろ約束があって難しいと思われがちです。

確かに、特殊な用語や約束もありますが、それはごく一部で、要は、正しい日本語で一義的に、つまり、できるだけ疑義が生じないように書くと言うことに尽きます。

実は大学の法学部では、法律の理論や重要な争点を教えますが、条文を書く技術は教えていないのです。各省で扱う法律は殆ど行政法ですから高邁な理屈は知っちゃいない、書く技術が欲しいわけですが、それは役所に入ってから覚えることになります。

⑵　昔は先輩から口伝ということもありましたが、今では「これだけ手帳」ではないですが、たった一冊の立法技術の本で済ませています。内閣法制局経験者によってまとめられた「法制執務」

として知られる本9で、みんなこれを読んで条文を書いています。

よし分かった、これをマスターすればいいんだな。一寸待ってください。これを読むと驚きますが、多くの頁が、立案担当者以外には必要のないチョー技術的な内容で占められているので、お勧めしません。条文を書くときの字詰め（何字目から書き始める）や、見出しの付け方、改正文の書き方（「〇〇」を「▲▲」に改める等）といったものは、知らなくても、痛痒はないでしょう。

もちろん、条文読解の役に立つルールとなっている事項も書いてありますから、それらは、法制執務に拠りますが、例えば、接続詞（及び並びに、若しくは又は）の使い方など、そんなにたくさんはありません。

(3)　ちなみに接続詞の使い方ですが、「及び」と「並びに」は**and**で、「若しくは」と「又は」は**or**（**and/or**の場合もある）なので、普通の語感と変わりません。

しかし、A**and**B、A**or**Bと一段階の場合は、A及びB、A又はBになります。「及び」と「又は」を使い、「並びに」や「若しくは」は使いません。

andが多段階になると、一番小さい**and**のところだけ「及び」を使い、後は何段になっても「並びに」で繋ぎます。

→A及びB並びにC並びにD＝［（A**and**B）**and**C］**and**D

orも似てますが、ちょっと違います。

一番大きいorのところに「又は」を使って、小さな方で「若しくは」を何段も使います。

↓A若しくはB若しくはC又はD＝［（AorB）orC］orD

一見論理的ですが、シンメトリーでない。「並びに」「若しくは」には、同じ用語で階層の上下があるので、オオナラビ、コナラビ、オオモシ、コモシと呼んでいますが、結局文脈で解釈するしかない。中途半端だなぁ…まあ仕方ないとして、ナラビとモシがずぅーと続いたら訳が分からないじゃないか！それは下手くそ、そんな条文は書いてはいけません。

⑷　正しい日本語で一義的に書く技術に教本は作れません。

そこで前例主義が重要になります。

用語の使用例はあるか？昔はこれを探すのに、徹夜で六法や法規総覧を片端からあたって大変でしたが、現在はネットで簡単に検索できます。

むしろ重要なのは、規制基準を設ける、許可制にする、等々、そこで実現しようとする内容と同様とか、構造がよく似た前例を探して、比較参照することです。

先例を考えた人は、何が要求されているかが正しく伝わる、色々なケースが出てきても対応できる、解釈が分かれるような紛らわしさがない、など散々考えた筈です。これと違った書き方をすると、何故かしらとなりますから、理由がなければ変えない。

粘り強く精緻な論理的思考を続ける、どこの職場の企画立案でも要求されることですが、それをしっかりやる、〝簡単な！〟ことなのです？

Ⅱ　煙突《チムニー》あぁ〜チンチムニー

1．煙突がないぞ！

㈠　そもそも煙突がなければ、エンドオブパイプアプローチはできないじゃないか！それもそうですね。

日本で最初の公害担当官となった橋本道夫先生の本を読んだら、当時の課題とレシピが全部書いてあって驚いたのですが、それも、一九七一年に環境庁が発足した頃には、アラカタできていて、残るのは総量規制くらいでした。

硫黄酸化物SO_xの総量規制は進む、窒素酸化物NO_xの総量規制も工場については進むのですが、自動車排ガスによる汚染のシェアが増えて行って、環境基準達成への見通しが立たない。何とかすると言い張るも期限内に達成できず、期限の寸延ばしを繰り返して、オオカミ少年と言われてしまいました。

水質は？

東京湾、伊勢湾、瀬戸内海といった閉鎖性水域の水質汚濁が著しく、水質総量規制を導入しようとするのですが、ここでも工場排水については展望が立つが、家庭からの生活排水のシェアも相当に大きい。下水道等の汚水処理施設の整備が進まないとどうしようもないが、こちらは公共事業費の推移等から見て、すぐ進む筈がない。どうするのかと見ていたら、総量削減計画では、極力努力した場合の到達目標を置くこととして、環境基準とのリンクを諦めてしまいました[11]。

いずれにしても、自動車、家庭排水は、煙突（排水口）ではありませんからねぇ〜

(二) 大気汚染でも、揮発性有機化合物（VOC）は、煙突から出るとは限らない。一九七〇年頃は、炭化水素（HC）と呼ばれ、NO$_x$とともに、光化学スモッグの原因物質とされていましたが、工程の各所から排出される、パイプの継ぎ目、タンク、塗料や印刷インクからも出るというわけで、持て余してしまった。

時折しもNO$_x$対策が急がれていましたので、〃HCは後回しにしても、大気中での両者の反応バランスが崩れて、光化学も抑制される筈〃と言い訳しましたが、そんな都合の良い効果は現れませんでした。後に粒子状物質の原因物質としても注目され、揮発性有機化合物VOC対策として法定されましたが、それは、二〇〇四年の大気汚染防止法の改正を待つことになりました[12]。

(三) 典型七公害はみんな規制法があるのか？ 地盤沈下と土壌汚染はありません。

地盤沈下は、地下水の汲み上げが主原因で、ときに駅構造物の建設などにより引き起こされることもあります。地下水の汲み上げについては、工業用水法とビル用水法でとりあえずの地下水くみ上げ規制がされました13が、それ以上進もうとすると、用水の確保や水利用の在り方を射程に入れた総合立法が必要となります。関係各省で散々折衝がされましたが、できないまま、大きな問題は沈静化してしまいました。煙突どころか、排出行為がないから、環境法で取り組む橋頭保が弱かったことは確かです。

㈣　土壌汚染は、水質汚濁、とりわけ地下水汚染により引き起こされることが多いのですが、大気経由で汚染物質が積もったり、汚染土壌等を持ち込むような直接経路もあり、汚染の原因と経路は様々ですから、土壌に直接汚染規制法方式を持ち込むのは難しい。結局のところ、大気などの各メディアの汚染規制法に奮闘してもらうしかありません。

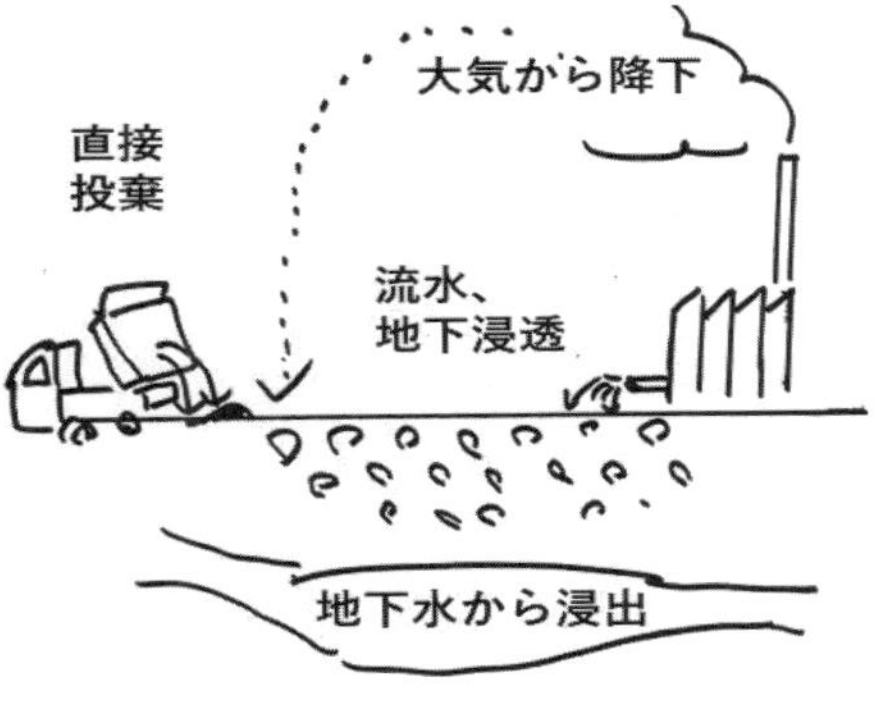

それでも、土壌汚染は生じるし、放っておくと、地下水汚染を引き起こしたり、汚染土壌の飛散・移動で二次汚染の原因となるから、対策が必要ということで、土壌汚染対策法ができたのは、二〇〇三年になってからでした。

㈤ SO_x等の汚染は呼吸器疾患を引き起こし、有機水銀は水俣病を引き起こしました。悲惨な公害病の経験があって、汚染規制が進められたわけですが、様々な化学物質が色々な用途で使われる限り（そして、ものによってはダイオキシンのように非意図的に排出されるため）、気が付いたら環境中に有害な化学物質が拡がってしまうという懸念は、現代工業社会に必然的に内包されています。このため、化学物質審査規制法など、物質からアプローチして、これが環境中に拡がったらどうなるかを考えて手を打とうという法制が発達してきました。しかし、この分野では、まだ環境に出ていないじゃないか、ということで、事業所管省のイニシアティブが強いといううらみがあります。

㈥ 新・典型七公害を考えたことがあります。

一九八〇年頃には、公害対策が一巡する中で、日照阻害、電波障害（テレビが映らない）、眺望（景観）妨害、低周波空気振動、電波による被害（高圧電線の直下では農作物の生育が悪いのではないか？）、光害、ヒートアイランド問題などが取り上げられました。詳細は割愛しますが、日照、電波障害、眺望妨害などは、ビル・マンション等の建設に伴って起こることが多く、建築基準法や建築に伴う裁判で対応がされました。低周波空気振動は、騒音振動の親戚みたいなものなので、理屈では汚染規制系の法制も可能と思われますが、問題の発生パターンが区々で十分な定型化がされないまま、個別対処がされています。電波の人体、生物影響は、そうクリアではない。光害は、街の灯りが天体観測を阻害するというものですが、各国がハワイに巨大望遠鏡を築き、ハッブル望遠鏡が衛星軌道を回る今日、人類の知のために必要と言っても灯火の規制迄はねぇ〜。ヒートアイランドは地球温暖化のミニ版だ。

こんな風にクラリファイしていくと、新・典型七公害も溶けて流れてしまいました。

2. 移動体を追って

㈠ 今日、新興国と、それを追う途上国では、大都市に自動車が溢れ、交通渋滞と大気汚染が看過できない大問題になっていますね。日本でも、工場から排出される大気汚染への対策が一巡した頃、とくに一九八〇年代からモータリゼーションが勃興し、当時問題になっていた窒素酸化物の環境基準達成が絶望かと言われる状況を呈し、やがてこれに粒子状物質問題が加わって大変深刻になりました。

自動車大気汚染対策の基本は、自動車一台一台からの排出ガスの規制、単体規制ですが、自動車が増えると、その効果は相殺される道理。逐次単体規制の強化を図っても、新規制は新車にしか適用されない。そこで、電気自動車などのクリーン自動車の普及、ノーカーデーやアイドリングストップなど運転者への呼びかけ、貨物量の減量化や帰り荷の確保などの物流対策、地域に着目して、道路構造の改善やバイパス整備などの道路対策、交通規制や信号整備などの交通管制、その他関係各省、関係方面で、あらゆる対策を挙げて総合環境対策として取り組まなきゃいかん、となったのですが、総花的で、目に見えるような改善は進まない。

(二)

そこで総量規制だ！と叫ばれますが…

何の総量規制をするのでしょうか？自動車販売台数、自動車保有台数、自動車走行距離、そんなもの統制できないよ〜

〝何言ってんだ、問題は大都市など地域的なものだから、トールゲートを設けるなり監視カメラを置くなりして、大都市部で走行する自動車を抑制する他ないじゃないか？乗り入れ規制地域を設けるとか、奇数偶数のナンバー規制を行うとか、工夫しろよ！〟

ごもっともですがそんなことできますか？ヨーロッパの都市では、歴史ある中心部への乗り入れを禁止しても、都市外周の環状道路がしっかりしていて物流やビジネスはマヒしない、都市計画がしっかりしていて住工・住商混在は少ないから、逆に住宅地域への乗り入れを規制してもいい。

日本の大都市ではそんな好条件はありません。

困った。まてよ、よく考えると自動車〝排ガス〟総量規制なのだよね、というわけで自動車NO$_x$法の車種規制をひねり出します[14]。

これは大都市地域で登録する自動車は、同クラスの車で比較して環境性能の良い車種に限る(ディーゼル、ガソリン併存クラスならガソリン車、ディーゼル車しかなければ最新規制適合車など)とするもので、一見、単体規制の上乗せに過ぎないように見えますが、使用過程車でも猶予期間が過ぎれば使えなくなる強烈なものです。仕組み上、一発勝負なので、最初の導入時と、粒子状物質を加えて自動車NO$_x$・PM法としたときの二回実施されています。

3. 地下水は見えない

(一) 地下水汚染が相次いで発見されて問題となったのは、一九八〇年代になってから地下水や土壌の調査の取り組みが進み、とくにIT産業の勃興で、半導体工場などでトリクロロエチレンによる大規模な汚染が見つかったことからではないでしょうか。それまでも様々な工程で重金属汚染が生じたり、クリーニングの溶媒として使われるテトラクロロエチレンなどの汚染は、各地で進行していたのでしょうが、何しろ見えない。心配じゃないかと調査してやっと汚染が見つかる、そこから原因行為を辿るわけですから、不明な場合もままある。

というわけで、対策は、①有害物質の地下浸透禁止を徹底する、②見つかった地下水汚染を浄化する、という二方向で進められます。

①は基本的にはエンドオブパイプアプローチ。排水口から地下浸透するケースは稀だが、何処からであれ地下浸透は禁止する、更に後には、施設の破損やオペレーションのミスがあっても零れて地下浸透しないよう、フェールセーフ的な構造規制が導入されています15。

㈡ 問題は②で、浄化措置を定めないでもたもたしていると、どんどん汚染が拡大しかねない。

直感的には、汚染者に浄化措置を命ずるべきだが、これを法制化しても、当面見つかる汚染は過去の汚染行為によるものだ。遡及適用なんて憲法違反じゃないか？

違いますよ。よぉーく考えてみてください。汚染者の過去の行為を非難しているのではないのです。地下水汚染が見つかれば、これを利用するのは危ないし、放っておけば拡がっていく。したがって、これを浄化することは、現在の必要です。現在の必要に応じて、誰かに義務を負ってもらわなければなりませんが、それはやはり、汚染原因となった人に負担していただくのが公平でしょう。つまり、現在の公法上の負担を課する説明として汚染者概念を援用したのであって、過去に遡って、汚染者の責任を追及する遡及適用ではありません。

こうして、汚染原因者への浄化命令制度が置かれています16。そうは言っても、どんなに昔の汚染でも命令できるのでは苛酷に過ぎます。水質汚濁防止法の特定事業場の概念が生まれる前では、そこまでの注意義務はないだろうということで、特定事業場に対してのみ浄化命令ができることとしました。

4. 土壌汚染、最後の公害法！

㈠ ここまでくると土壌汚染対策法です。

土壌汚染は、地下水汚染の親戚みたいなものですが、更に厄介です。大気や水のように混合均一化しないから、代表地点で常時観測する方式は意味をなさない。疑いのある土地について、しかるべき方法でメッシュに区切って試料採取して初めて汚染が判明する。このため、原因行為があってから汚染が判明するまで時日が経過し、経路、因果関係も曖昧になる。往々、原因者が不存在、無資力になっているという困った事態も生じる。

農用地については、鉱山から流出したカドミウム等による汚染が各地で生じたため、地方公共団体が対策事業を実施する制度が作られました。他方、様々な工場・事業場により引き起こされる市街地の土壌汚染については、地方公共団体が対策する義理はないから、私的解決に委ねられていました。が、行政でも難しいことが、私的に進む筈がない。

㈡ ようやく二〇〇三年になって、土壌汚染対策法が制定されますが、その基本構成を巡って大議論になりました。

何らかの契機をとらえて土壌調査を行い、一定基準を超えていれば、対策を講じる、ここまではよいのですが、誰に対策をやらせるのか、が大問題です。

第一感は、汚染原因者、地下水でもそうした。環境法の原則に沿う。でも、それでよいなら、これまでもっと対策が進んだ筈。現在操業中の工場等が汚染を起こした場合は見やすいが、多くの場合、過去に遡って、汚染者を追跡し、証拠をもって確定し、いざやらせるとなっても、事業の再編・承継や倒産・無資力といった様々なもめ事を乗り越えて、あぁ～気が遠くなる、時間もかかる。

㈢ 翻って考えると、汚染が判明した所には、土地所有者がいる。土地所有者は、汚染対策をしないと、土地を十全に使えないし、売却価格も下がる。逆に対策をした効果は、土地所有者に帰属する（価値が旧に復する）。手を拱いていると、他の土地や地下水にも汚染が拡がりかねない。放置した所有者は、二次的汚染の汚染原因者になるかも知れないのです。汚染除去は、土地所有者の利益に繋がり、かつ、他者に対する義務でもあるという理屈で、土地所有者に、第一義的な汚染除去の義務を課する制度構成がされました。もちろん、可能な限り汚染者責任を追求すべきですから、土地所有者が汚染原因者に求償できる旨、入念的に規定がおかれています*17*。

汚染者負担原則を放擲するのか、という批判は、専門家も含めて、根強いものがありましたが、仕方がない。土壌と土地所有者が裏腹になっていることから、最後の公害法は、いささか趣の違う法制となりました。

ちょっとおまけ 2 でも条文は読みにくい、頭に入らない

(1) 精緻に吟味して書かれた条文が読みにくいのは何故?

技術的に思い当たる点は、政令、省令など命令への委任(いちいちそれを見ないと内容が分からない)、準用規定(同じようなことを繰り返すのでは長くなるので使うテクニックだが、結構見

にくい)、定義・略称・字義規定(言葉の意味を厳密に規定するためのテクニックだが、よく注意しないとどこで何が入って何が入らないか分からなくなる)、それから枝番号(〇条の二というような番号は美しくない)があります。でもこれは、法学バックグラウンドの人でも丁寧に読むしかない、楽はできない。理系の論文だって、面倒くさくても前提を厳密に確認しなければならないのは同じことです。

(2) 本当に読みにくい理由はと考えると、

① 思考過程が書いていない、

② 冗長性(重複、余分)が全くない、

③ リズムがない、

ことが大きいのかなぁ〜と思い当たりました。

これは、一義性を確保するために犠牲になったものです。

思考過程を長々書くと、またその文章が紛れを生み出します。その意味で冗長性がダメなことは言うまでもありません。最後にリズムがない。必要十分それ以上でも以下でもないように書きます。大事なことでもたった一行、手続的煩瑣なことが長々では、重要度のメリハリが見えません。仕方ありません。

これじゃ読みにくい理由が分かっても、読み易くはならない。済みませんねぇ〜せめて、一知半解に講釈する人にビビらないでいられる助けになれば幸いです。

(3) 面白いのは冗長性です。

よく要点を言いなさいと叱られます。でも冗長性は、それほど悪いことではなくて、思わぬ誤解を防ぎ、臨場感をもたらして理解を助けます。

〃何日何時〃と言うだけだと、聞き間違えることがありますが、〃一週間後の何日何曜日、何々の終わった後何時に〃とクドく言うと、行き違いがあれば気が付きますね。

司法試験を現役合格した、とっても頭の良い先輩がいました。この人は、例えば大臣と国会の委員会の議員との間で調整が必要になったとき、分厚い手帳に細々と書き留めて、大臣はかくかくしかじかと言っていましたと議員に話し、帰っては大臣に、議員はかくかくしかじか言っていました、私がそこはかくかくと申し上げると、いやそうではない、かくかくと大臣に言うようにと言われましたという調子で、詳細にオウム返しをします。

なんでポイントを言わないのだ、この人は本当に頭がよいのか?段々分かってきましたが、大臣や議員に的確な判断をしてもらうには、臨場感ある形で伝える方がよい場合が多いのです。確かに、雰囲気や現実感を持てないまま、要点説明だけで 決断を迫られても不安ですよねぇ〜

Ⅲ　束ねて総取りをかける

1．生まれながらの危険物質

㈠　ＰＣＢは、カネミ油症を引き起こし、ダイオキシンとも兄弟関係であることから、極めつきの危険な物質と認識されていますね。でも、かつては、加熱しても変化しない、電気絶縁性、耐薬品性ともに優れることから、熱媒体、変圧器・コンデンサの絶縁油などに広く使われ、私の学生時代にはノンカーボンのレポート用紙として重宝した記憶があります。

いわば夢の物質でしたが、この安定性が仇となった。全然別種のメカニズムではありますが、フロンによるオゾン層破壊でも、その安定性が影響してくる。万物流転のなかでバランスをとっている自然界に、不変の物質を投入すれば、必ず光と影があると、しみじみ思いました。

㈡　ともあれ、ＰＣＢのような物質は、難分解性、蓄積性、有害性の三拍子揃った生まれながらの危険物質なので、もう使わない、作るのもやめよう。そこで一九八三年、化学物質審査規制法が制定されます[18]。

物質に着目した法制は、用途分野別に、毒物劇物取締法、食品衛生法、農薬取締法など様々な立法がありますが、化学物質審査規制法は、環境に放出されたときに大丈夫かどうかを念頭に、化学物質の製造・使用段階で規制する立派な環境立法です。

一九七三年の制定当初は、製造（輸入）は通産省、人体への毒性は厚生省というわけで、新規化学物質の審査は、通産大臣と厚生大臣が行い、環境庁長官は、問題があるときに意見を言えるだけでした。経済産業大臣、厚生労働大臣とともに、審査担当になるのは、およそ三〇年後の中央省庁再編を待つことになりました。

㈢　大気、水質、土壌などの媒体別ではなく、いわば横割りで危険な化学物質を捉えるアプローチは、未然防止、予防の観点からも効果的ですから、先の三要素の一つが欠けたものでも、例えば、蓄積性がなくても多量に環境に放出されれば危ないとか、人への影響だけでなく、動植物影響も考慮するという風に、化学物質審査規制法の射程は広がっていきます。

問題は、数十万に及ぶ化学物質について、知見の進展に伴い次々指摘される様々な懸念に対して、如何にして網羅的に対処するかで、世界中の担当者が頭を悩ませています。この一つの解として、ＥＵのＲＥＡＣＨ規制のように化学物質を使用する事業者に、自ら問題がないことのデータ・知見を集めさせる立法が行われました[19]。更に、透明性を高めつつ事業者による化学物質の管理を進展させるツールとして化学物質の排出・移動を登録するＰＲＴＲ法が導入されています[20]。ＰＲＴＲ法では、環境、経産両大臣が事業所管大臣と手分けして制度を管理する形をとっています。いずれにしても、化学物質の開発・製造から迫っていくとなると、先に述べたと同様、事業監督、事業所管のイニシアティブが強くなりがちです。

2. アセス世界大戦

(一)　物質横割りがだめなら、開発横割りはどうだ?

大規模な開発が行われるに際して、事前に様々な環境影響をチェックして、後悔しないようにしよう。その切り札としてアセスメントが重要だ。そこまではよいのですが、事業者による環境影響評価書の作成とその公表や意見聴取の手続きを備えたＮＥＰＡ(米国国家環境政策法)型[21]の立法をしようとなると大騒ぎになりました。

環境アセスメント法制化の試みは、一九七五年頃から始められました。開発行為の可否を第三者委員会のような組織で判定するスウェーデン型の法制と、米国で一世風靡していたＮＥＰＡ型の法制とどっちだ、ということになったのですが、前者だと、開発行為全般に拒否権を持つ負の内閣のような組織を作ることになって、およそ不可能。そこでＮＥＰＡ型の法制を研究したのですが、それ迄はアセスメントというと事前に調査予測する技法みたいに思っていたのに、公表と意見聴取の手続きがポイントというものですから、なんじゃそれは?となりました。

㈡　いずれにしても、開発行為という切り口で様々な媒体にかかる環境影響を抑えようというのですから、開発横割りです。

各省の人からは、「これはひどい。必要があれば一つ一つ規制をしたら良いのに、アセスだと言って一挙に総取りをかけるなんて、横着だ！」と非難されました。

大気、水質、騒音、振動云々、必要なものがあれば、それぞれ堂々と、「作用―反応」関係の根拠 **evidence** を示して追加規制するべきだ。それがないのにアセスに逃げ込んだんじゃや、許容できるかどうか、結局判断できないじゃないか！一見正論です（もちろん、規制で来たら一つ一つ厳密議論をして各個撃破するつもりだが…）

㈢　実はこれには困った。アセスの意義を、調査予測評価による科学的判断と、公表意見聴取の手続きとのどちらに重点を置いて説明するか？こちらの意思統一も十分できていない。

科学的判断に重点を置いて、必要な環境保全水準に影響が抑えられているかチェックすると言えば、先の㈡に陥って、そういう規制的アプローチならそれを厳密に示せと言われるし（もしすべて示せるなら意見聴取等の手続きは不要という追い打ちが来る）、手続きに重点を置いて説明すると、当時ですから、何のためにやるのか、煮詰まっていない公衆参加（**public involvement**）は時期尚早、そんなものをやったら開発の是非はいつまでも決着しないと言われる。

㈣　えぇ～い、全部だわい！と言って、ほぼすべての省庁、経済団体を相手に世界大戦に突入していったわけですが…

大騒ぎになってアセス、アセスと名前だけは人口に膾炙する、ときの総理も国会答弁で略してアセスと言うし、歯磨きの商品名にも出てくる。悲願と化します。

毎年、年初に折衝を始め、散々頑張るも、五月の連休頃には断念。繰り返すこと九年、とうとう諦めて、当面法律ではなく閣議決定に基づいてアセスメントを実施することで収拾。ここに前九年の役の幕を閉じて再起を期すわけですが、その傷は深かった。

巻き添えを食って湖沼法[22]は七転八倒、地盤総合立法はできない等環境法はできなくなる。霞が関を騒がせて総すかんになりました。

㈤　後に、丁度三年がかりの調整を経て一九九七年に環境影響評価法が成立します[23]。

本当に後三年の役もあるものだ、と感心しましたが、こんなに苦労して法制化したものの…遅かりし、の感もあります。

アセスメント法が急がれたのは、工場立地、電源開発、港湾、空港、高速道整備などが合体した巨大開発が様々構想されていたから。苫小牧東部開発なんてものは、一万ヘクタール、十キロ四方ですから、ノート大の日本全図に、形が書けるくらい大きい。

でも、法制化が実現したときには、こんな大開発はなくなってしまいました。法律は、時の流れに抗し得ないのか…

まあ、法律が、時の流れに遅れるのは、宿命みたいなところがあります。

もし、極めて先見的な法律が次々と制定されたら、人々はついていけなくて混乱するでしょう。やはり、応力が相当たまって、それが一線を越えたときに、プレートテクトニクスでいうトラフみたいに、跳ね返るのでないと仕方がないのかなぁ～。

3. 冗談条項だ！

㈠　規制色が強いと反発も強い。そこで、アセスの主たる意義は「事業者自らが見直すセルフコントロール」にあると説明しましたが、大変な手間暇をかけてアセスをやる以上、その結果は、やっぱり、何らかの国の行政に反映しないとおかしい。つまり、各法の許認可等を行う大臣は、その法律の元々の規定振り如何にかかわらず、アセスの結果を踏まえて、その可否を決することができなければいけない。
いちいち各法改正するのは間に合わないし、なんか変だ。そこで、アセス法に、今言ったような趣旨の風変わりな条文を盛り込みました。各法を横断して効果が及ぶので、横断条項と呼んでいます[24]。

横断条項は、最初の草案には入れておいたのですが、風当たりが強い。仕方ないから〝意見聴取の手続きの中で環境大臣が事業者に意見を言うことにすれば、事業者も聞かないわけにはいかない。実際上担保できるから削ってしまえ〟となり、これなしで何年か折衝しました。

(二)

やがて、いいかげんに法案を纏めるしかないとなって、各省は、それなら、うっとうしい環境大臣の意見を削れないか、〝おぉ～、手続きの中で、住民や、知事と同じレベルで意見を言うのは、国家組織としておかしいという理屈がある、環境大臣意見反対〟となった。そりゃきた！そのとおり。手続き中で意見を言うのは変だからやめる。しかし、アセスの結果が、何ら国の行政判断に反映されないのはおかしいから、横断条項を設けて、環境大臣は主務大臣に意見を言うことに

“冗談条項“か？

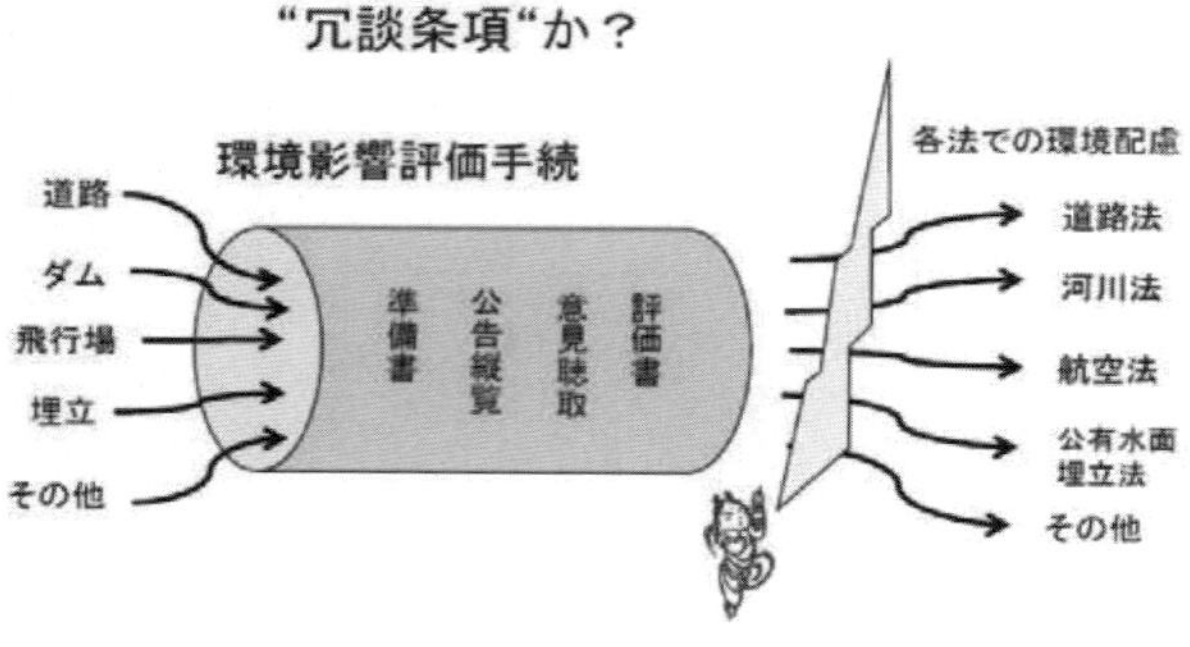

する。各省は担当者も変わっていて何のことかよく分からないでいる。その間に、これはかねての議論で論理必然なのですと打っちゃりました。

なんだ！これは『冗談条項か』と言われましたが、自慢じゃないが、こんな形で各法にまたがる規定は見たことがありません。（各省が、自分の所掌を軸にした逆横断条項を提案して、環境も従えと言ったらどうしよう？と心配しましたが、こんな乱暴なことを考える人はいないようです。）

4. リレー通訳ではまだるっこしい

㈠ 相手の懐に飛び込むことは大切です。

明確な証拠によるとんでもない影響があるなら、企業側の事情を無視してもよいでしょうが、そういう域を脱して、未然防止、予防側に段々要求水準が上がっていくと、対応技術の現状を始め、企業側の事情をよく知って立案しなければ、歪んだものとなりますし、企業に受け入れてもらうこともできないでしょう。

㈡ 幕末、黒船騒ぎになって、英語↓蘭語、蘭語↓日本語と通訳して意思疎通を図りました。今日も、国際会議の同時通訳で、一つのブースで仏語↓英語とやり、もう一つのブースでは英語

↓日本語とやる。これをリレー通訳と言います。

考えてみれば、汚染規制等の立案に際しても、リレー通訳が行われています。環境省が規制強化の案を作って関係省に協議します。関係省には環境窓口課があり、関係の原局・原課に問い合わせ、意見をもらって環境省に打ち返す。ここから折衝が始まります。環境省提案課と関係省窓口課の間での知恵比べや力学が働くのは当然ですが、関係省内の窓口課と原課でも同様のことが起こります。

窓口課は、とりまとめを意識して、原課には「ご時世だから多少は仕方がない。これだけはダメという意見に絞ってくれ」と言う一方、環境省には掛け目、マージンを取って「みんな絶対反対だと言っている。ギリギリ必要なのはどこか。できる範囲で説得してみる」とやります。

もちろん原課では、事業者団体を通じて関係企業に意見を聞きますが、ここでも同じようなことが起こる。

㈢　えぇい！マージンだらけではまとまらない。企業の本音が知りたい。そう思うので、色々な人脈を通じて、企業のオピニオンリーダーと目される人にアプローチして、ときには、ご飯を食べたり飲みに行ったりして、非公式に意見を聞きます。

ダイレクトな意思疎通は有効ですが、窓口課にバレて叱られることもあります。

「あんた、ひどいことをするじゃないか！これは分断工作だ。そんなことをするなら、自分で原局原課を全部まわって説得してみろ」

　あまたある原局原課の人に一から現下の情勢を説得して回るのは大変だし、温度差もある。原課の先では、事業者団体の中でゴチャゴチャやっている。各個撃破しても、自分のところだけが不利なのではないという確認、横並びの安心感がないとウンと言わない。こりゃダメだ。

「窓口さんごめんなさい。もうしませんからなんとか取りまとめてください。お願いします。」


㈣　古くて新しい話。大気の揮発性有機化合物（ＶＯＣ）は、煙突だけでなく様々な工程から放出されますから、何が費用効果の高い対策なのか企業の側に立って見ないと中々分かりません。

　塗装工程に対策をするとなると、ブースで囲って排気口に処理装置を付けるのでしょうが、いっそのこと水性塗料に変えてしまえばいい。石油等の貯蔵タンクでは、その増減に応じて液面が上下する、ということは、上部空間の容積が変化し、その分、蒸発したＶＯＣが排出されるわけで、やはりここに処理装置が必要となりますが、液面とともに昇降する浮き屋根構造にすれば漏出しません。

　企業の自主的取り組み、工夫を生かせないかということで、規制と企業の自主取り組みとのベストミックスで削減を図ることとし、法律上これを明記する異形の方式を採りました。

大気汚染防止法第十七条の三（施策等の実施の指針）

第十七条の三　揮発性有機化合物の排出及び飛散の抑制に関する施策その他の措置は、この章に規定する揮発性有機化合物の排出の規制と事業者が自主的に行う揮発性有機化合物の排出及び飛散の抑制のための取組とを適切に組み合わせて、効果的な揮発性有機化合物の排出及び飛散の抑制を図ることを旨として、実施されなければならない。

㈤　法律まではよい。でもこんなもの、どうやって規制対象や基準を決め、何を自主的取り組みに委ねるのか？やはり工程・現場に熟知している人に聞く他ない、ということになって、誰言うともなく「ジュクチマン」。法改正後詳細を定める段階で、そうした様々な企業のエース担当者に何十人も集まってもらって、大検討会、ジュクチマン大集合をやりました。相手の懐に飛び込むどころか、相手に参加してもらうことになったわけです。

ちょっとおまけ 3 準用します

(1) 先に技術的に思い当たると言った点は、何とかならないのか。まず命令への委任、法律を読んでいてこれが出てくると、施行令や施行規則を見なきゃいけないので面倒だ。でもこれはやめられない。

法律にすべてを書き込むと、規制物質を追加したり、基準を強化したりするときに法律の改正を待たねばならず、機動性が損なわれます。

同じ命令への委任でも、政令は閣議決定により制定するので、関係省庁の合意と、内閣法制局の審査が必要ですが、省令の場合は、原則、その省だけでできます。この他、「○○大臣の定める方法」のように担当大臣に委任する場合があって、この場合は「○○を定める件」として、告示がされるのが通常です。

法律の内容の一部を下位の法令に任せるわけですから、無制限の授権（その他必要な一切のこと）はダメ。何が委任されているか、その範囲がはっきりわかるように書く、もちろん、政省令は、その範囲で規定する。法律に書いてあることを否定するようなことは書けません。

ちょっと注意が必要なのは、「その他の政令で定めるもの」と「その他政令で定めるもの」は、一見同じようだが、「の」の有無で違う。

例えば、有害物質の規定に「カドミウム、塩素、弗化水素、鉛その他の人の健康又は生活環境に係る被害を生ずるおそれがある物質で政令で定めるもの」とある場合は、政令でも、カドミウム、塩素、弗化水素、鉛を書かなければ対象とならない。これが仮に「カドミウム、塩素、弗化水素、鉛その他人の健康又は生活環境に係る被害を生ずるおそれがある物質で政令で定めるもの」と書いてあれば、カドミウム、塩素、弗化水素、鉛は法律上キマリで、政令では追加が必要な窒素酸化物を書くだけでよいのです。統一してもよいのにねぇ〜

今の時代ですから、手っ取り早くリンクを貼っておいてくれればよいのにと思いますが、電子政府の「法令データ提供システム」でも、政省令からの上向きのリンクだけで、下向きのリンクがない。政令は未制定とか、一部別建て（水質汚濁防止法施行規則とは別に排水基準を定める省令がある）と言う場合もあるので、探すのにウロウロします。

環境六法などの出版物では、各条条文の後に注書きしてあって、売りになっています。

(2)　準用もいやですね。準用する、と言った後、〝この場合において、「〇〇」とあるのは「▲▲」と読み替えるものとする〟というのが多用されると、日本語とは思えない。

文字数をケチらないで、全部書いたらどうなんだ！

そのとおり、ややこしいものは、私も、電子情報としてダウンロードして、準用されている条文をコピペしてみないと分からないことがあります。

でもだからといって、〝常識的に考えて、先に書いた手続き的なことを同様にやるんだろうな、きっとそうだ〟と言うものを全部書き連ねるのはさすがにうるさい。しかも、困ったことに、全く同じなのか、微妙に違っているのか、一言一字ずつ読み比べないと分からないのでは、頭が割れそうになります、。準用なら読み替えの有無で一発です。

(3)　イカに悩まされることもあります。「○○、◇◇及び△△（以下「●●」という。）」とか、「○○（▲▲を含む。第××条を除き、以下同じ。）」なんて書いてあるイカです。

定義なら、大抵第二条が定義だから、そこに書いたらどうか。

うぅ～ん、字義規定とか、略称規定と言って、ちょっと違うのですが、実践的には、言葉の意味を限定することには変わりがない。

だけど、条文の途中に出てくるからややこしい。以下と言うから、その前に同じ言葉が出てきても適用されないとか、様々なパターンがあって、複雑になると色違いのマーカーをもってきて塗分けないと間違える。

余程ケチ、文字数減らしのフリークだ。

これはいろんな事例を見て考えてみてください。イカをやらないで、毎回きちんと書いていったら、ジュゲムジュゲムみたいなものが一杯できて、とても耐えられません。

⑷　枝番は何とかしろ。手間を惜しまずに毎回最初から振りなおしたらいいじゃないか？

枝番もいやですね。〝第八条の三の二〟なんて、二階層になるとゾッとします。

条を減らす場合は、いざとなったら、「第○条　削除」とやって、後の条を動かさないこともできますが、追加の場合は、振り直さない限り枝番が必要になります。

なんで振り直さないの？確かに、条を挿入して後の条を次々ズラすこと自体は簡単です。だが、別の場所で「第○条に規定する場合」などと動かした条に言及しているときは、これも直さないといけない。罰則での引用はチョー注意。施行令や施行規則には、〝法第○条の…〟と各所に出てくるから、当然改正が必要。告示や通達にも影響がある。

自分のところだけでも大変なのに、他の法令、他省所管のものでも引用しているかもしれない。絶対に間違えないように悉皆チェックが必要だ。

その上、様式に影響していたら刷り直しが必要になる。パンフレットや解説書もそうだ。急にそんなことを言われても、重要な条文で、誰もが○○条で頭に入れているものは困る。論文も改正前の番号を思い出して読まなければならない。

役所だけなら我慢したらよいが、地方公共団体はもちろん、事業者団体やＮＧＯ、一般の人も煩わさなければならない。そう考えると、本当に大幅な改正か、全部改正でない限り直せない。

外国の法令では、第一章の二番目の条文なら「sec.102」とコードのように振るものがあり、これだとあまり枝番に頼らなくてよい。しかし連番でない、つまりsec.218の次はsec.301だったりすると、途中で印刷漏れしてないか心配で、一長一短です。

(5)

あぁ読んで損した。読み易くなる方法は書いてないじゃないか。

ごめんなさい、諦めてください。

でも、法学部出身者でも、同じように面倒なのです。誰でもそうだと思って、溜飲を下げて下さるようお願いします。

Ⅳ　格好いい！国際派

1．環境法を生き返らせた黒船

㈠　環境問題って、身近な問題というイメージとともに、国際的というイメージをもたれていますよね。例えば、ＣＯＰは、締約国会議（conference of parties）だから環境に限られないけど、多くの人が想起するのは、地球温暖化問題、ここのところ毎年末頃に開かれる気候変動枠組条約締約国会議ですよね。温暖化以外にも、生物多様性を始め地球環境問題の大テーマでの交渉会議は、国連加盟の一九〇ヵ国・機関の殆どが参加しますから、各国政府代表団だけでも何千人、ＮＧＯ、プレスも含め、総勢一万人、二万人が集まって活況を呈しますし、全体会議（plenary）は、遠くがかすむような大会議場で行われて、壮観です。

確かに国際派は格好いい。

環境省や、環境に関係する仕事に就こうという人は、何と言っても国際的問題だから、英語を磨いて国際会議で活躍したい、日本の経験をもって国際協力で貢献したいという人が沢山います。

自然公園の保護管理に携わるレンジャーと呼ばれる人も、昔は、登山部出身のフィールド派男性が多かったが、最近は、趣味はダイビングで、国際会議で生物多様性の交渉をしたいという女性が増えたようです。

(二)　更に言えば、一九七二年、昭和四七年版の六法は、「公害六法」で、高度成長のひずみで激甚な公害を目の当たりにして、環境問題は社会派の問題でした。環境庁ができて程なく、環境六法になりましたが、広く環境問題への様々な懸念を受けて、公害対策庁でもなく、環境保護庁でもなく、〝環境庁〟としたのは、発展性があって卓見だったと思います。

思えば、環境アセスメントの法制化が前九年の役で挫折し、閉塞感に苛まれる日々が来ました。橋本龍太郎総理（一九九〇年代後半の総理。環境庁の発足にかかわり、その後中央省庁再編で環境省昇格の道筋をつけた）は、「日本の公害対策は成功したが、成功すればする程、環境庁の存在感がなくなって、環境対策が弱くなる。それは、規制官庁、調整官庁に押し込めたから」と述懐され、無力感をかこっていたのです。

㈢　そこへ黒船の来航で息を吹き返します。

マイケル・ジャクソンが世界の一流歌手を糾合して「We are the World」を歌い、アフリカで飢餓に苦しむ子供を救うキャンペーンを行ったのが一九八五年。生きるため森林を伐採して燃料をとり、焼き畑をする、しかし、その結果、森林がなくなり、土壌が失われ、生活の基盤も失うという悪循環が起こる。持続可能な発展が大切だ、共感の輪が広がります。

一九九二年リオデジャネイロで開かれた国連地球環境サミットが、エポックとなりました25。

政治家も、各省も、産業界も、NGOの人も、こぞってリオへ。そうだ、これからは地球環境問題、国際問題に活路がある。

㈣　そしてこのムーブメントは、環境基本法の制定をも後押しします。一九九三年制定の環境基本法がもたらしたものはたくさんありますが、①時代は公害から環境へ、②地球環境問題を視野に入れ、③持続可能な発展を目指す、④様々な施策を動員する、が大きな柱で、環境アセスメントの法制化、経済手法の活用が具体的な課題として掲げられました。ここでは、

《産業側》　公害は終わった、これからは全員参加で、経済と環境の両立を　という視点と、

《環境派》　地球環境を含んだ広い環境だ　経済手法を含め経済社会の変革を　との視点が、交差しているのが見て取れます。

2. チョー巨大会議で交渉は大変

㈠ 報道では、主要国の動向、先進国と途上国の対立がクローズアップされますが、国連の会議は、全員参加のコンセンサス方式なので、そうすると出席国の大小、利害関心は、本当に区々ですから、あまたの論点について無数の意見の調整が必要になります。当然、全部一緒にやっているると進まないので、分科会を幾つも設けて同時並行で議論を進めます。

日本の出席者も、政府代表団を編成して、そこには、様々な立場の省庁から参加している。そして、それぞれかかわりの深い分科会を手分けしてフォローする。だから、毎朝、会議が始まる前に集まって、情報共有と相談をする。政府代表団だから、勝手なことはできない。また、国により、ケースにより、距離感は異なるが、ＮＧＯが参画、ロビーイングする。何が言いたいかと言うと、とてもたくさんの人が参加して、騒然たる坩堝になっているということです。

㈡ やっと条約・議定書の案文協議が開始され、事務局が草案draftを提示しても、各国が様々な意見を言いますから、それを全部〔 〕ブランケットにいれて、一つ一つ議論していく、気の遠くなるような作業が始まります。こんな進め方で行くとどうなるか。

① 本質的な部分は、誰も下りないから、〔一〕のまま残り続けます。
② そうでない部分も、各国それぞれ事情があり、これだけは入れてもらわないと国に帰れないという代表、その事項がイノチというＮＧＯがいて徹底的に頑張るから、やはり下りない。えい、差し障りがなければ入れてしまえとなって、総花的で、長い案文になります。
専門家のいない小途上国等では、先進国のローヤーに交渉を委託したりしますが、いずれの専門家と言っても、それぞれ国情、文化、バックグラウンドの違う人たちの議論ですから、日本の法律審査のような統一した整理は無理というものです。

㈢ 十日、二週間と会期があっても、これではなかなか進まないから、やがて、閣僚が出席するステージになり、ギリギリの妥協が図られます。ホスト国や議長国が妥協案の提示等でステアリングして打開を図るのは当然ですが、各国が口々に言っていてはどうしようもないので、グループで意見を纏めて交渉します。ＥＵグループ、その他の先進国（米、日、豪、加、ロ等）グループ、途上国グループ等です。

かくて会期末の一日二日で急速に調整が進められ、大抵は最終日を徹夜延長して、何とか取りまとめが行われます。それでもまとまるから大したものです。

3. 大型条約の常套手段＝プレッジアンドレビュー方式

㈠ 条約・議定書で各国に何を求めるか、大雑把に言って、直接規定型と自主対応型に大別できるように思います。オゾン層保護や海洋汚染防止は前者26。対象物質は何で、製造禁止とか排出制限を、何時までに実施すると具体的に規定してありますから、各国はそれを法定したり、取り締まる。これに対し、気候変動や生物多様性では、目標や対策の大枠を示して、みんなで取り組もう、と言った後は、各国がその趣旨に添うように計画等を策定して具体的措置を実施する方式が多用されますので、いわば自主対応型といえます。

自主対応型と言っても、各国は、計画等を作って事務局に提出し、それでやりますと約束する、ちゃんとやっているかは、締約国で、何らかの検証・評価を行うところまで書き込んでありますので、誓約審査方式＝プレッジアンドレビュー（pledge and review）方式です。

㈡ 気候変動の国際約束の原点である気候変動枠組条約では、先進国に二〇〇〇年において一九九〇年時点の排出水準に抑えるということを求め、京都議定書では先進国各国の削減目標まで踏み込んで規定しましたが、それでも、削減目標を確保するための具体的な施策は各国に任せました。

パリ協定では、全締約国に努力を求めることとなりましたが、努力の内容は、目標も含めて、各国のプレッジアンドレビューに委ねられています[27]。

よく、法的拘束力があるか、という議論がされますが、国内法では、法的問題であれば、裁判などによって黒白が決せられて強制的に執行する方途がありますが、国際法では、例外的な場合を除いて強制する方法がありませんので、実際的効果としては、条約・議定書の違反として非難される、努力義務では済まない、ということに尽きるでしょう。

所詮各国の誠意ある対応に頼らざるを得ないとすれば、事情の異なる多数国に様々な措置を求めるに際して、プレッジアンドレビュー方式をとる意義はよく分かる気がします。

㈢　だけど、これを国内法に落とす方は大変です。

いっそ細かくみんな決めてくれれば楽なのに…

パリ協定では、各締約国は、「自国が決定する貢献（nationally determined contribution）」を作成、提出、維持するとあり、これに対応して、地球温暖化対策の推進に関する法律八条一項に、「政府は、地球温暖化対策の総合的かつ計画的な推進を図るため、地球温暖化対策に関する計画（以下「地球温暖化対策計画」という。）を定めなければならない。」と規定されています[28]。生物多様性では、この計画に相当するものが、条約でも、生物多様性基本法でも、「生物多様性国家戦略」と称して、作成が求められています[29]。

計画まではよい。それなら閣議決定で間に合う。とくに法律が必要な対策があれば、個別にやればよい。

実際、条約批准等の国会承認にあたっては、外務省条約局に関係各省が集まって、①正式な訳文の作成、②条約の義務を果たすために何が必要かの検討を行います。これは国内法で新たに規定する、これは既存法でできる、これは法律でなくてもいい、これは我が国では必要ない、という精査を行い整理する。その上で、外務省は条約締結の国会承認を、担当省は国内法の法案の提出を行います。

日本は、この作業を極めてまじめにやる、権限争いもシッカリやる。そもそも、国会承認は、すべて衆参外務（外交）委員会で審議するので、一会期にこなせる数に限りがある。そういうわけで、日本の締結は、一般的に遅くなる（締結した以上は、どの国にも負けずに、きちんとやるのに、残念ですね）。

当然、環境派は、早く批准しよう、そして積極的な内容を盛り込むため、何でもギジギジ法律に書き込もうと言うし、対応を求められる側は、法律では、とりあえず計画をつくるとだけ決めておけばよい、対応措置は個別に慎重に議論しようとなりますよね…

これを時宜を失しないように、何とか調整していかなければならない。そうなると、ともすれば、方針表明や努力規定ばかりに陥って、どこに法律事項があるのだと、いつも苦戦しています。

㈣　ともあれ、条約交渉の節目ごとに、政府の温暖化対策計画が策定され、関係者、国民挙げての対策の方向を示すことになります。

計画に何を盛り込むかで勝負だ！

ところが、ここでもエンドオブパイプアプローチのところで触れた企業内は自主努力論がでてきます。現に、地球温暖化対策計画のかなりの部分は、マトリョーシカのように、経団連傘下の事業者団体が作成した自主取り組み計画（京都議定書時代は自主行動計画、パリ協定に向けては低炭素社会実行計画）を組み込んだ入れ子構造となっています。

計画だけでは心もとないと言うことで、排出量の算定報告制度という支援装置を設けましたが、更にここでも、そのかなりな部分は、省エネ法に基づく届け出等で代用できるとされ、

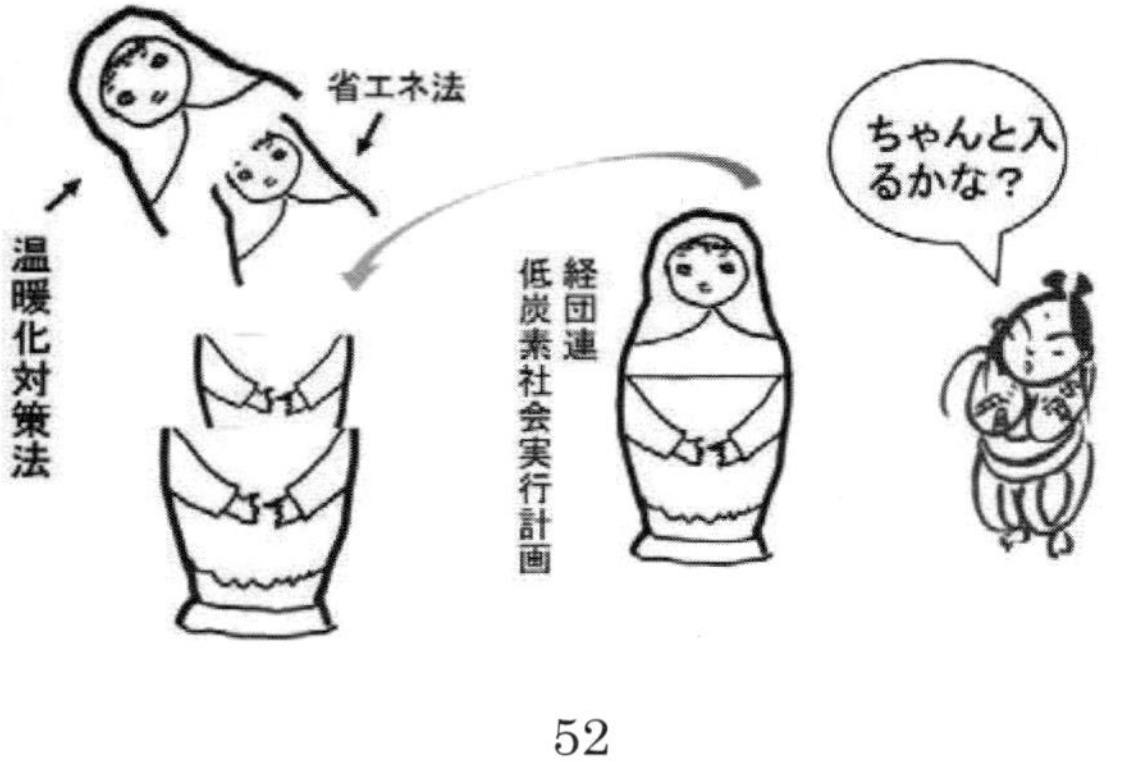

マトリョーシカになっています。

㈤ 確かに、様々な業種・業態を挙げてきめ細かく対策を打つには、政府が上から目線でとやかく言うのには限界がありますので、事業者、事業者団体で精査して最大限の措置を掲げる方式がいいという議論には一理あります。自分の作る目標では甘くなる、透明性が確保されないという目が向けられますから、外部のレビューも受ければいい、つまり、ここでもプレッジアンドレビューのミニ版のような仕掛けが要ることになります。

実際、地球温暖化対策計画の進行管理に際しては、自主取り組み計画盛り込み事項も評価の対象にして透明性、実効性を図っていますが、とにかく大変分厚い資料ができて、その全部を統合的かつ詳細に把握評価することは容易ではありません。

4. 神風期待では世界大戦になり易い？

㈠ ええ〜い、まどろっこしい！

経済界に頼らずに、自力で施策が積みあがらないのか？これは難しい、広範な施策手段に関わるありとあらゆる関係方面と調整し、一つ一つ施策を合意していかなければならない、多数の関係者に取り囲まれて羽交い締めにあって、身動きできなくなるのがオチ。

そこで、排出量取引など自律的な経済手法が麗しく見えますが、これを生煮えの状況で投網を掛けるみたいに強行しようとすると、アセスメント法制化交渉みたいな世界大戦状況に陥りかねません。

一時、環境税、固定価格買取制度、排出量取引が三大課題、決戦場のように言われていました。この話をするとそれだけで紙幅が尽きますので、いまどうなっているかだけ、ちょっと話しましょう。

㈡　日本では、経済的手法への抵抗が強いのですが、環境税のような税制によるのは、まだしも伝統的で馴染みがいい筈。しかし当然、税制の常識や税制をめぐる事情に左右されます。

環境派からすれば、まず、環境負荷の多寡に応じて税負担を課すことができればいい、できれば税収は環境対策に使いたいということでしょうが、それだけでは組み立てができない。

単に税負担を加重されて国庫収入が増えるのでは誰も納得しない。レベニューニュートラル、税収を環境対策に充てて差し引きゼロだと言っても、事業者が出したものが事業者に戻るなら、事業者が自分で対策をすればよい、政府がいわば再配分する方が優れるとどうしていえるのか、ということとなるし、他へ行くなら、事業者にとっては増税、裨益がないということになる。

かつてドイツで環境税が導入されたときは、社会保険の事業者負担の減額とセットにされていました。そんな都合の良い状況、大技は滅多に現れない。

もっと小規模な税制措置、例えば租税特別措置法による環境対策設備やエコカーに対する減税措置でも、むやみに税収減を招くわけにはいかないから、通常スクラップアンドビルトが求められています。

吸収源対策である森林保全経費などに充てるのは一理ありますが、これを一方的に産業界から徴収した環境税で賄うというのは、激突構造ですね。

結局、苦心惨憺した挙句、石油石炭税に地球温暖化対策のための特例が設けられ、二〇一二年一〇月から実施されることになりました。この特例は、石油石炭税の税率を上乗せする、上乗せは全化石燃料を対象とする、CO_2排出量に比例した税率とする、税収はエネルギー対策特別会計を通じてエネルギー起源CO_2対策に充てるとされ、上乗せ部分についてみれば、地球温暖化対策税の特徴を十分備えています[30]。

また、いわば積み残しになった森林環境対策については、二〇一九年度に税制改正を行い、一人千円を住民税と併せて徴収する森林環境税（徴収は二〇二三年度から）を導入することが決まりました。

㈢　再生可能エネルギーの後押しをする固定価格買取制度は、二〇一一年、東日本大震災後にようやく導入されました31。導入当初、太陽光発電を筆頭に好条件が設定され、それなりに導入が進みましたが、買取費用が電気料金に跳ね返ることもあり、毎年価格が見直されて減速感が生じています。

振り返れば二〇〇〇年代初め頃の太陽光発電は、日本は、毎年の導入量も世界一、累積導入量も断然世界一、個別メーカーの生産量も日本企業が上位を独占していましたが、ドイツにおける高額な固定価格買取制度の導入に遅れ、そうこうしているうちに中国メーカーが勃興して、見る影もなくなりました。

第二の自動車産業かと期待されましたが、小出しの支援と打ち切りを繰り返し、後手後手を挽く結果となりました。長打（この字の方が気分…）を逸したとすれば、残念！

(四)　今日の気候変動の国際交渉では、中国の存在感が増し、排出量からみても、中国と米国の動向が決定的です。ＥＵは、第三の経済圏として、戦略的に行動するでしょう。

日本は？日本は省エネ先進国として、積極的に取り組む、

米国とＥＵの橋渡しをする、技術と資金をもって途上国の取り組みを促す、そうやってイニシアティブを発揮、ということでしたが、二〇一一年以降、原子力発電への依存について、国論が一枚岩ではなく、全体的な展望をもって会議を牽引することは荷が重くなっている。大したプレーヤーではなくなった。

見方によれば結構なことです。今こそ、身に余る荷を下ろして、ノーリグレットポリシーとして、爆発的な研究開発と取り組みの集中を実現し、再生可能エネルギーでリードを築く格好のチャンスが来たと思うのですが、どうでしょうか。

㈤ 三大課題のうち、環境税、固定価格買取制度は実現されましたが、排出量取引の導入は進んでいません。

キャップ・アンド・トレード型の排出量取引は、理論的には良くできたものだと思いますが、〝ではやるか〟となると、大変です。

昔から日本では、経済手法は嫌われます。

例えば、ＰＰＰ（汚染者負担原則）も、日本では〝環境汚染による被害補償や環境回復費用は、すべて汚染者に負担させなければならない〟という懲罰的なニュアンスで捉えられていますが、それだけなら、民法七〇九条（不法行為による損害賠償）に、元々書いてあります。

本来は、「環境にかかる費用は外部不経済なので、市場に任せておくだけでは、環境への負荷は増大してしまう。環境にかかる費用をコストに内部化させ、環境負荷低減のインセンティブを与えなければならない」という経済学に由来する原則で、この考えの下に、例えば、米国の大気清浄法で、硫黄酸化物排出抑制のための排出権取引が導入されるなど、様々な経済手法が提唱・導入されましたが、日本ではそのような発展はしませんでした。

欧米では、規制等で政府が直接介入するより、市場で解決する方が企業に好まれるようですが、日本では、護送船団方式で皆がやるなら、一律に規制等をする方がましだという感じですよね。むしろ、経済手法では、産業の現場・実情を離れて政府が介入したり、マネーゲームに巻き込まれるとの拒否感が強いようです。

それでも、今後の排出削減が心もとないとなれば、排出量取引を含めたカーボンプライシングが検討の俎上に上がらざるを得ません。

折角黒船がやってきても、何かしなければならないところまで神風は終わり。中身までは示してくれないものだから、大変です。

5. 温暖化ばかりが国際貢献ではあるまいに…

㈠　環境基本法で日本は積極的に取り組む姿勢を謳っています。そのバックボーンとなる考えは、例えば、地球環境問題の定義を見てください。

環境基本法第二条（定義）
2　この法律において「地球環境保全」とは、人の活動による地球全体の温暖化又はオゾン層の破壊の進行、海洋の汚染、野生生物の種の減少その他の地球の全体又はその広範な部分の環境に影響を及ぼす事態に係る環境の保全であって、人類の福祉に貢献するとともに国民の健康で文化的な生活の確保に寄与するものをいう。（1項、3項略）

今日、人類益と国民益は、一つの軸に貫かれた二重の独楽のように一緒に回り、切り離すことはできないという認識が示されています。

やはり、地球環境問題で、国際貢献できるよう努力することが必要です。

㈡　でも待てよ、温暖化やオゾン層の破壊のような問題は、全地球、全人類が巻き込まれるから、人類益と国益は一体だが、途上国の公害問題は、元来その国で解決すべきその国の問題。支援することは悪いことではないが、何も言わなくても先進国の財政支援を要請されるのに、必ず協力するようなことを環境法に書くのは行き過ぎではないか？

基本法立案時には〝途上国の対応能力を高めなければ、例えば、有害物質が地球上に拡がってしまうなど、途上国の行動により様々な環境問題が世界中に蔓延するおそれがある。先進国の協力によって途上国の対処能力を高めるキャパシティビルディングは、結局は国益と一体だ〞という蔓延論で説明しました。

ちょっと時代遅れの議論でしょうか。今日、色々なスキームで途上国支援に取り組み、成果を上げている事例はたくさんあり、皆それを認めている。従事している人の苦心談に、なるほど、そして、ハッピーだなぁと思います。

ともあれ、環境政策、環境法という目で全体を見渡そうとすると、たくさんの途上国を見渡して、各国それぞれの環境の状況、政策実施の実情なんか、リアリティをもって理解することはできるのだろうか？例えば、砂漠化防止がピンとくるか？と思ってしまいます。

各国の環境法を眺めても、その背景にある統治機構・法体系を知らないと分からないことが多々あるし、それが分かっても、実際の運用、効果はなかなかわからない。

途上国の環境担当者に聞いても、大抵は、技術も遅れ、資金も足りないので支援して欲しいと言うばかりです。


㈢　私の少しは知っている、中国の汚染対策への協力でも同様。でも、法律もできているし、汚染企業には銀行融資をさせないといった強烈な対策もやっているというし、何ができないのだろう。

そう言うと、日本では、公害を引き起こす企業は存続できないとの意識が定着しているが、中国では、規制をしても守られないとマインドの問題が挙げられます。

見張っている時だけ防除装置を動かすといった話もお定まりで、日本だって公害対策の草創期にあった話。すでに排水の状況は、テレメーターみたいなもので送っている。

本当にマインドの問題だけなのか？日本の大気汚染防止法、水質汚濁防止法では、違反の罰則はさほど重くはないが、容疑がかけられると、工場長でも逮捕されます、ということを説明していましたら、中国では、二〇一五年の環境保護法の大改正で、同法六三条に、十五日以内の行政拘留の制度が設けられました。

㈣ もっとも、最近大気汚染がひどくなり、これは、政権幹部の子弟も富裕層も平等に被ばくされるから、対策に火がついて一定効果が出てきているようにも見えます。

そうか、昔シンガポールの環境部局の幹部が、「アジアでは、国単位で考えるのでは事情が違いすぎるが、急速に膨張する都市に着目すると、いずこも同じで悩みは共通するから、都市の環境対策なら一致して協調協力できる」と力説していましたが、成程、都市の大気汚染を糸口にして汚染対策さらには省エネ対策へと展開できるかもしれない。

いずれにしても、懸命に長く携わった日本人がいて大きな成果を挙げている事例はたくさん聞きます。結局今のところ、個別の成功の積み重ねという段階で、これが環境法の在り様に一般的な影響を及ぼす姿は見えませんが、とにかく、みんながシンパシーを感じて取り組む、素晴らしい分野でもあります。

かつて「できない子はいない、遅れている子がいるだけだ」という教育者の述懐を聞いて感激しました。

文字通りあてはめようとすると、人の一生ではなかなか大変。転生輪廻生まれ変わって千年、万年経験を積まなきゃ、そうはいかないねとなるのですが、すべての子を尊重すると言うことでは、勝るものなき心のこもった言葉です。

発展途上国のキャパシティビルディングを考えるときにも、ピッタリではないでしょうか。

ちょっとおまけ 4　大義があるのに決戦できないのか？

(1)　大義は我にあり、決戦だ！

法案提出、国会審議の仕組みそれ自体に、ソフトランディングを要する仕組みが内包されていますので、大抵うまくいきません。

①　各省が通常国会に法案を提出するには、まず提出予定法案登録が必要で、年初に文書課長会議が開かれます。会議といっても、実質、担当参事官と部長による各省ヒアリングです。法律事項がないとか問題があるとここで落ちる。権限争いで同じようなものを各省が登録すると調整が付くまで「検討中」に落とされます。

②　法案提出には、国会審議の日程に配慮して期限が設定されます。通常、予算関連法案（＊）では二月初旬、それ以外は三月初旬迄に提出しなければなりません。予算関連＊（コメと呼びます）と

は、その法案の成立がないと、予算及び予算参照書に掲げられた事項の執行ができないもの（予算と密接でも、施行が一年後等で、当該年度の予算関連に当たらない場合もある）で、予算審議に間に合うよう早い目の期限がセットされ、遅延は厳しく戒められます。非予算関連（非コメと言ってます）は、それから一月以内です。

③　法案の国会提出には、閣議決定が必要。閣議決定は全会一致。各省協議を了しないと、通常は、閣議案件に上げてもらえません。

また、議院内閣制ですから、閣議決定前に、与党の了解が必要です。

自民党では、担当部会、政策調査会審議会、総務会の三段階の了解が必要（公明党にも同様の仕組みがあります）。

政府提出法案の提案手続き

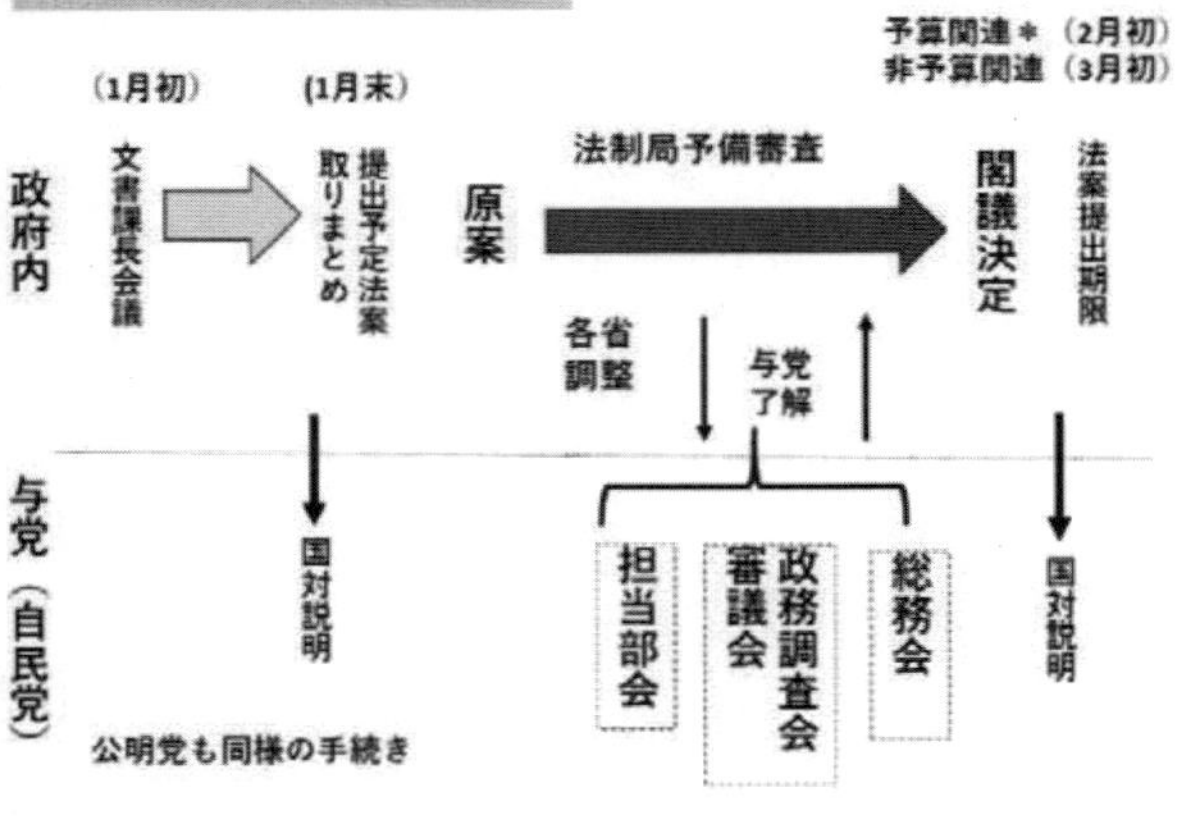

ⅰ　担当部会には、メンバーシップがなく、党所属議員ならだれでも出席できる。各省や関係団体のロビーイングにより、問題だと発言する議員がいると、なかなかとおりません。

ⅱ　政務調査会審議会は、政審と略されるが、部会長と若干のメンバーを加えたもの。実質部会長会議だから、環境部会をとおっても、商工や農林などの部会で反対があれば止まってしまう。

ⅲ　総務会は、当選回数の多い論客がメンバーで、やはり事前に十分根回しをしておかないとうまくいかない。政審、総務会は、案件が沢山あるので、政治的な重要法案でもない限り、色々意見が出て、もたもた説明していると、はいやり直しとなります。

ⅳ　国対は了承機関ではないが、国会に出てからの段取りがあるということで、十分説明します。要するにすべてコンセンサスを取っていかなければ、あちこちで引っかかってニッチモサッチモいかない。

(2)　国会提出後は、基本的には、野党との交渉関係となります。

①　いずれの院で先議するか、場合によりどの委員会に付託するか、と言う問題があります。国会で決めることながら、提出省と国対で事前調整しておくこととなります。

②　法案の成否に意外に大きく影響するのが、本会議での趣旨説明要求です。これは委員会審議に先立って、本会議でも説明を受け質問しておくというもので、重要法案を想定したものなのです

が、政府から法案が提出されれば、各党ホボ自動的に趣旨説明を要求します。

これをツルシと俗称しています。根回ししてツルシをオロシテ（撤回）もらわなければ、委員会付託がされません。どうしてもオロシテもらえなければ、本会議で趣旨説明質疑をしてしまえば、委員会付託になります。しかし、本会議の日時、一回の会議にかける案件数には限りがありますので簡単にはいかない。スケジュール闘争のネタになります。

③　委員会では、原則、付託の順番に案件を処理しますので、提出院、提出順とツルシの処理は、審議日程上、極めて重要です。

ようやく委員会に辿り着いたとして、提案理由説明に始まって、各党審議時間をどうするか、参考人質疑等はやるのか等々、野党と協議、駆け引きがされます。委員

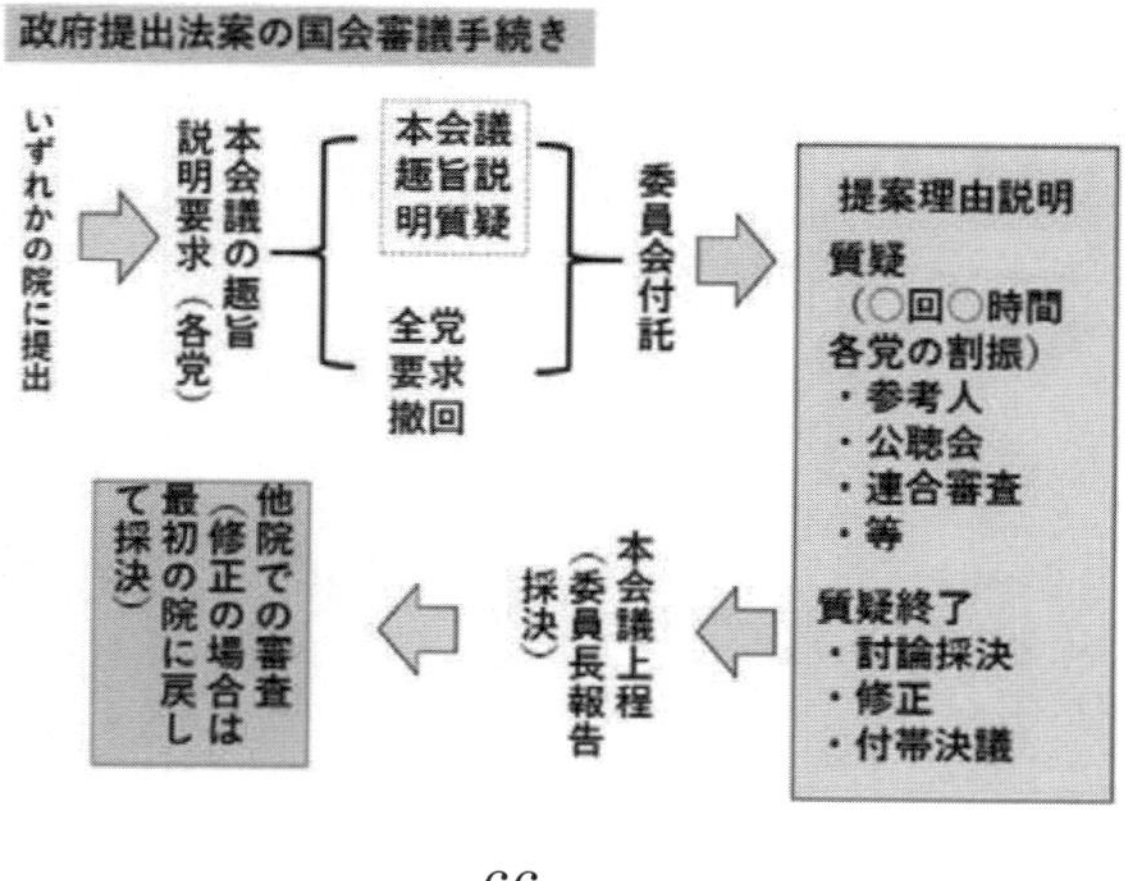

会は、定例日があって通常週二日程度が限度。そのなかでのスケジュール闘争になります。修正はハードルが高い。与党の了解が必要で、それには、国会対策上の駆け引きと、実質面（各省、各団体の納得）をクリアする必要があります。

政治的な重要法案でないと、強行採決や、2／3での再可決、ましてや本会議での中間報告要求などの対象とはなりません。

野党との関係でも、コンセンサス作りが必要なのです。

(3)　決戦など夢のまた夢…

幾多の関門がありますが、環境法案に強力な政治的バックがついていることなど、まずないので、力ずくでは通れない。「外国でもやっているし、世間でも求めています。各方面お話しして問題ありません。問題ありません」とローキーですり抜けていかざるを得ませんから、システムとしても、ソフトランディングが必至となります。

【休憩・春】見わたせば柳桜をこきまぜて都ぞ春の錦なりける

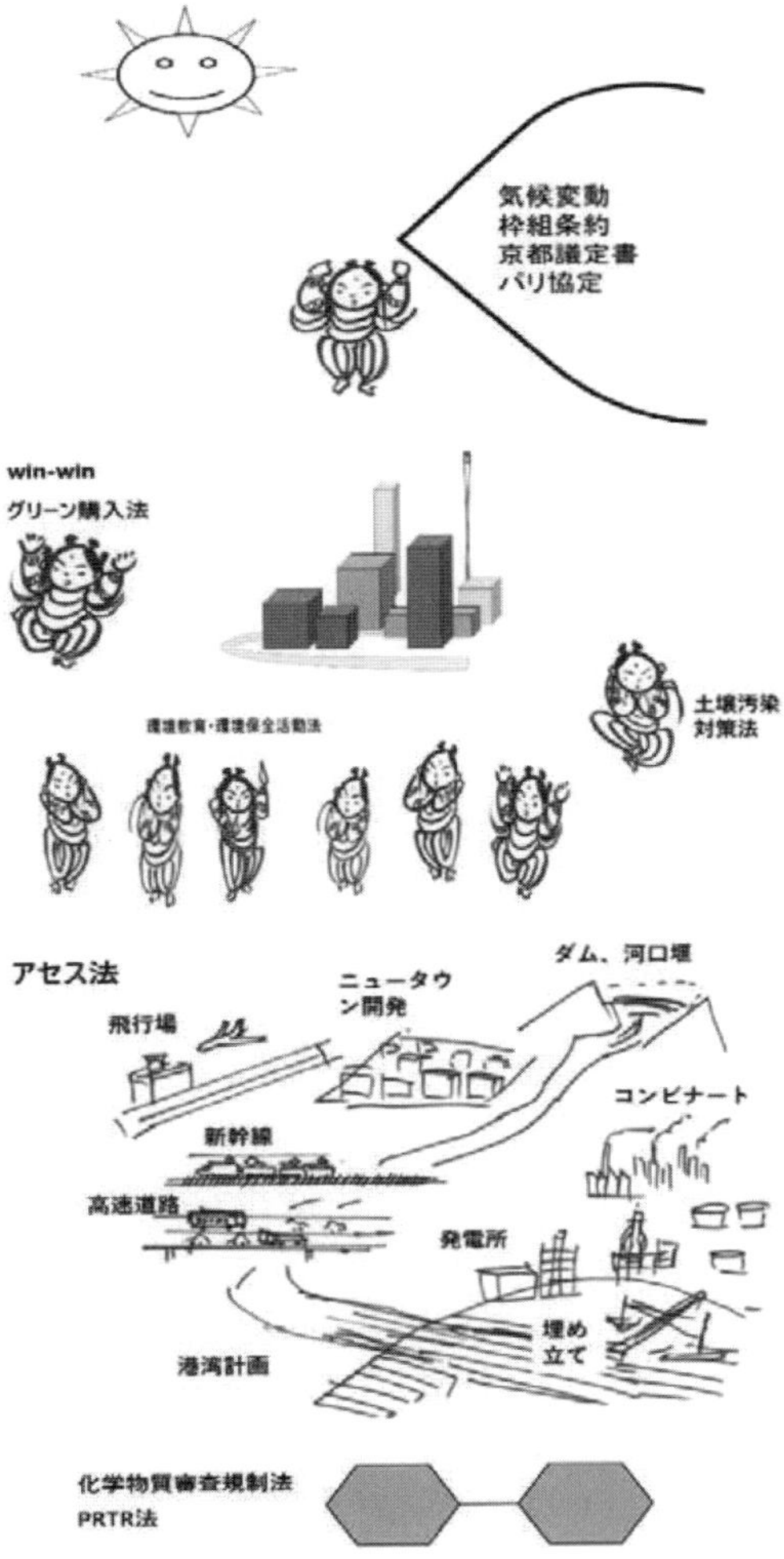

気候変動
枠組条約
京都議定書
パリ協定
win-win
グリーン購入法
土壌汚染
対策法
環境教育・環境保全活動法
アセス法
ダム、河口堰
ニュータウン開発
飛行場
コンビナート
新幹線
高速道路
発電所
埋め
立て
港湾計画
化学物質審査規制法
PRTR法

【休憩・秋】高松のこの峯も狭に笠立てて満ち盛りたる秋の香のよさ

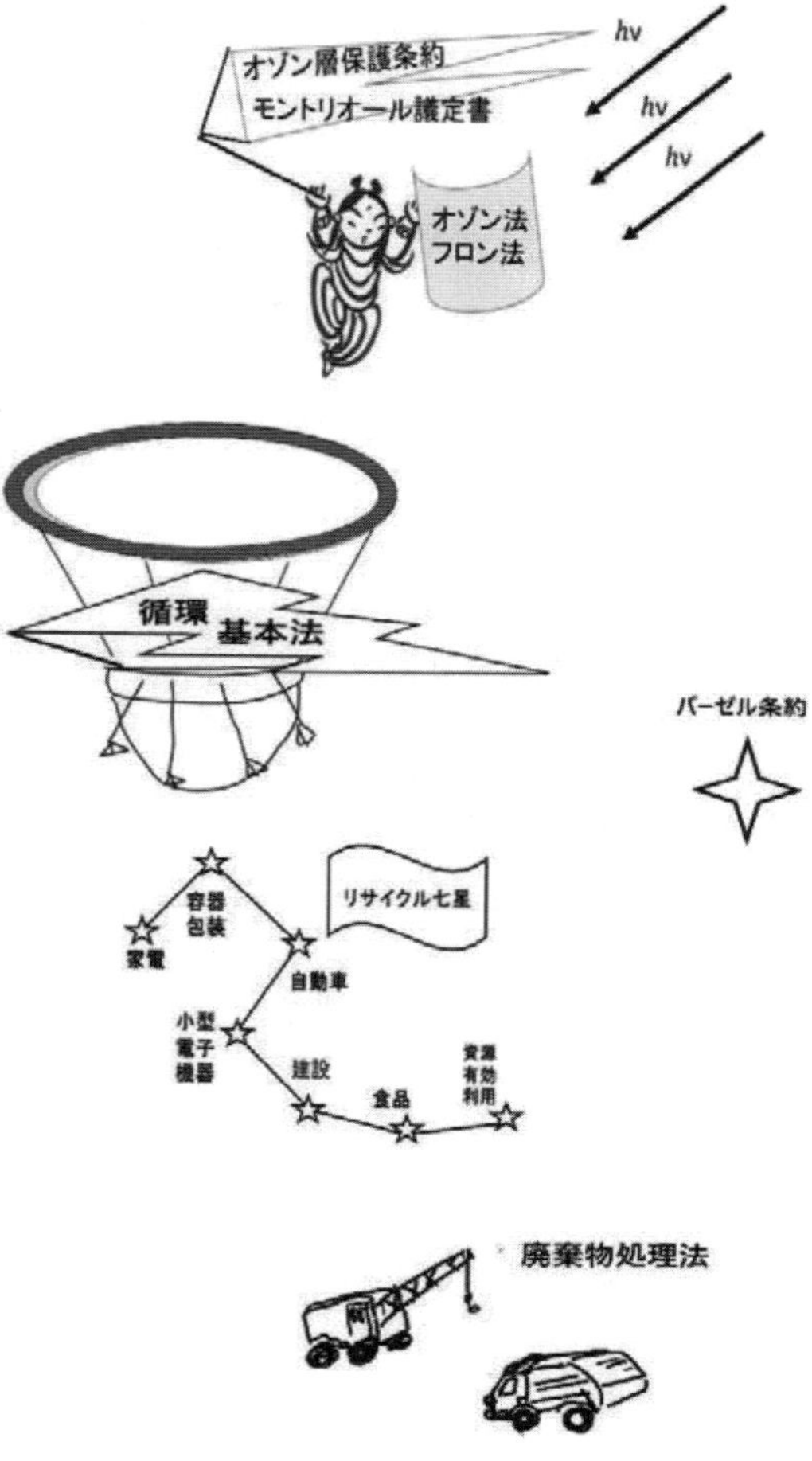

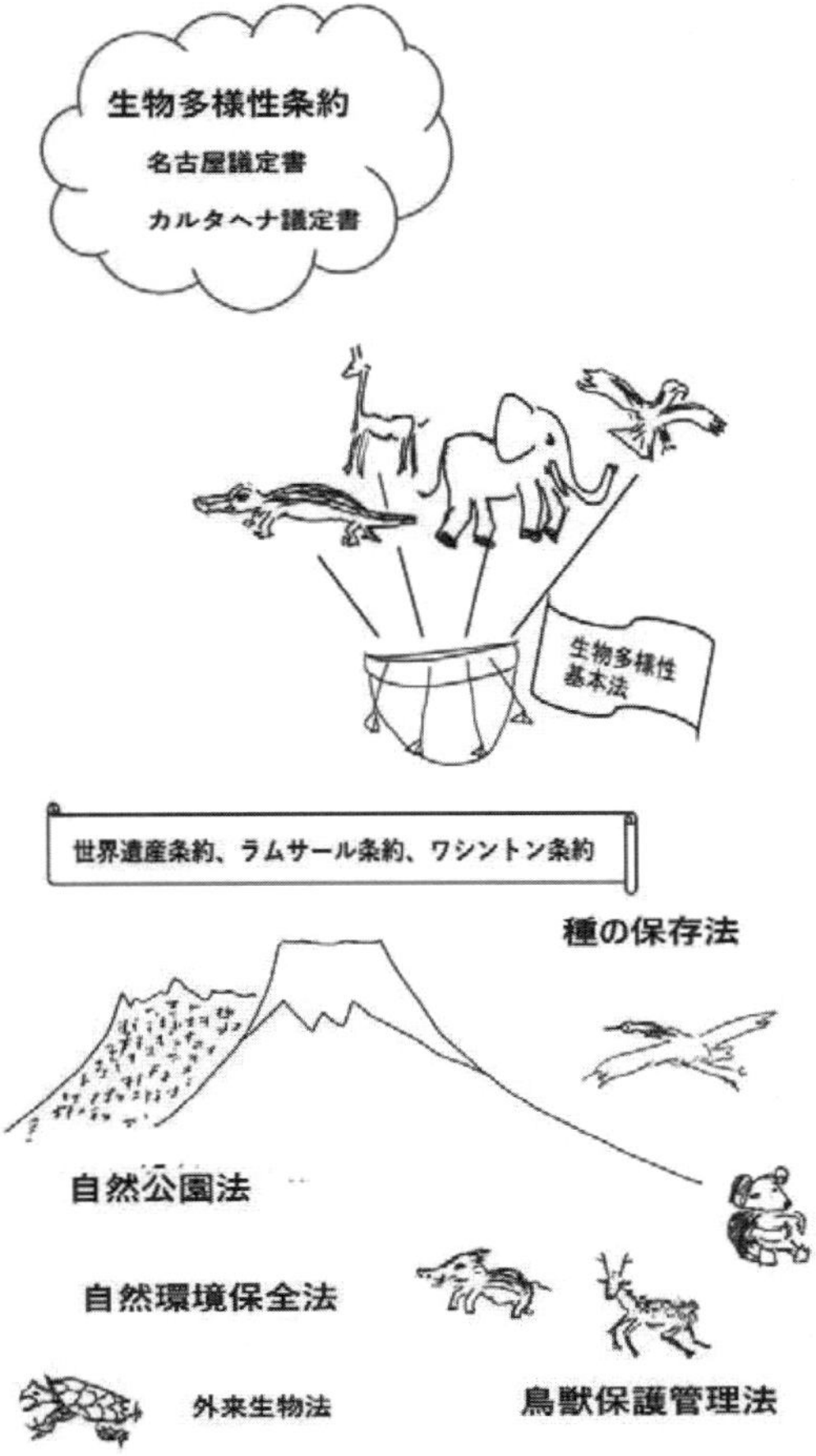

生物多様性条約
名古屋議定書
カルタヘナ議定書
生物多様性基本法
世界遺産条約、ラムサール条約、ワシントン条約
種の保存法
自然公園法
自然環境保全法
外来生物法
鳥獣保護管理法

Ｖ　エビはサングラスをかけますか？

１．ＳＦじゃないんだから…

㈠　ＳＦのパニック映画を見ると、大抵は、洞察力の優れた科学者が警告しているのに、頭の固い役人が相手にしないで放置して、大変なことになりますね。

一九七四年ローランド博士らが、初めて、フロンによるオゾン層の破壊に警鐘を鳴らしました。

当時日本では、オゾン層破壊で懸念されるのは皮膚ガンの多発なので、アジア人に比して弱い欧米人が心配しているだけじゃないかという無理解もありました。

折しも来日したローランド博士は、「そんなこと言って、あなた、エビはサングラスをかけますか」と一喝されました。オゾン層がなかったら、地球上の生物の進化史が、様変わりしていたことは広く認識されていますねぇ～[32]

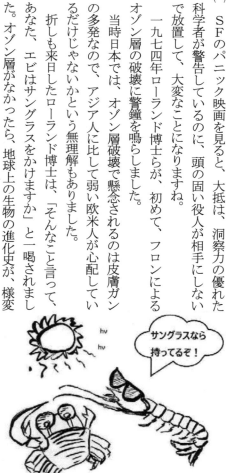

環境分野では、科学的な発言が重きをなします。気候変動に関する政府間パネル（ＩＰＣＣ）で専門家がまとめた報告書は、国際交渉の行方を大きく左右します。

(二)　環境基準では、最新の科学的知見が尊重されます。

環境基本法　第二章第三節環境基準
第十六条　政府は、大気の汚染、水質の汚濁、土壌の汚染及び騒音に係る環境上の条件について、それぞれ、人の健康を保護し、及び生活環境を保全する上で維持されることが望ましい基準を定めるものとする。
3　第一項の基準については、常に適切な科学的判断が加えられ、必要な改定がなされなければならない。（2項、4項略）

さらに言えば、予防原則が市民権を得ている。すご～いことですね。

環境と開発に関するリオ宣言（一九九二年）
原則一五　環境を防御するため各国はその能力に応じて予防的取組を広く講じなければならない。重大あるいは取り返しのつかない損害の恐れがあるところでは、十分な科学的確実性がないことを、環境悪化を防ぐ費用対効果の高い対策を引き伸ばす理由にしてはならない。

㈢　警鐘を鳴らすも福音をもたらすも、科学技術の力は大きい、ＳＦじゃなくて実現したらいいじゃないか。

宇宙発電に熱い想いを抱く斉藤鉄夫環境大臣に科学少年のワクワクを感じました。

地球を閉じた系にして人間活動を続けていたら、いずれエントロピーが溜りすぎてニッチモサッチモいかなくなる。その一つの例証が温暖化だとしたら、様々に対策技術を講じていっても、結局エントロピーの付け回しでは、とりあえずはよくても、段々早く回るリス車を回していることになりかねません。

地球外からマイナスのエントロピーを補給する唯一といってもよい方法が、太陽エネルギーの利用ですから、太陽光発電や、太陽エネルギー起源の風や波といった自然エネルギーの利用が、究極的な意義を持つ所以です。

が、それは法律には、書かれていません。

科学が環境法を牽引しなくちゃいけないんじゃないか！。

そのとおりなのですが、科学で一発勝負ができればいいのでしょうが、法律は、確立した経験則に照らして熟した事態を規律するのが得意なのに対し、科学は、先験性、厳密性を重んじ、ひそやかに、かすかな兆候を示してくれるわけですから、ちょっと相性が悪い。

それでも、環境法は科学を重んじる。知性的なものでなければならないと思います。性懲りなく、温暖化懐疑論が横行しますが、分かっていても都合、私益でそう言うのでしょうか。水星の摂動を説明できなくなった時に、次々と補助円を加えて頑張った天動説を思い出します。でも、あれは、時代のパラダイムの中にあって、他の考えに及ばなかったという言い訳ができますが、現在はどうなのでしょうか？

㈣　築地市場の豊洲移転に際しての土壌汚染対策を巡って、「安全」と「安心」の違いがクローズアップされました。

両者は切り口が違うから、初めから交わらないという人もいます。しかし、東日本大震災以来、最早社会の許容がないと何事も進まないとなれば、そうは言っていられないと思います。

何故、安全と安心が乖離するのか、色々な観点から仔細に検討しておかないと、環境法を作っても足をすくわれかねません。

一つには、閾値とか安全率とか理系の知識が要求されるということです。

有害物質の基準の決め方の定番は次のようなものです。

・有害性（毒性の強さ）×暴露量（摂取量）が大きくなる程リスクが高くなる。

・有害性の評価には、疫学調査、動物実験が用いられる。

・通常の有害物質では、一定量以下では影響がなく、これを越えれば、暴露量が大きくなるに従い影響が大きくなるという閾値の考え方に拠る。データから「量―作用」関係が示されれば、閾値以下の無毒性量以下に抑え込むように基準

量―作用関係

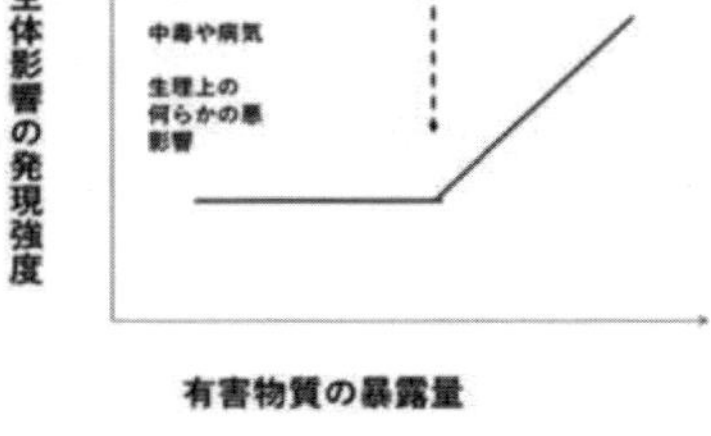

を決める。

・動物実験から得られたデータを人に当てはめる場合は、不確実係数を掛ける。通常、ヒトとの種差 1/10 と、ヒトの個人差 1/10 の 1/100 を掛けて、つまり二けた下にして基準とする。

・発がん性物質の場合は、遺伝子障害性のあるイニシエーターと、それ自体は遺伝子障害性がないがガン細胞の増殖を促すプロモーターがあると言われ、後者は閾値があるが、前者、遺伝子障害性がある物質は、閾値がない。僅かであれ、常に発ガン確率を押し上げるので、10^{-5}の発ガン確率相当量をもって基準とする。これは、閾値によれないので、一般的な生涯発ガン率を一〇万人に一人と想定して、せめて、同程度のリスクを新たにもたらさないようにするとの考えによる。

・色々な媒体から摂取される恐れがある場合は、まず、人が一日当たりに摂取しても安全な量、一日耐用摂取量（ＴＤＩ：Tolerable Daily Intake)を求め、五〇キログラムのヒトの一日呼吸量は約二〇キログラム、飲用など水の一日吸収量は約二リットル等として、大気や水等に割り振ることで、媒体毎の基準を導くことができる。

こんなことは法律に書いてない。ちゃんと言わないで、安心してくれぃ〜ではダメじゃん！

それはそうなのですが、やはり書けないのです。

先に記したのは理念形で、事案毎に専門家に集まってもらって検討会や審議会で精査熟考しますから、どうやって決めたかは、検討会や審議会の報告・答申などをよく読まないと分かりません。専門分野によってケミストリーが違うというか、扱い方の感覚も違います。これを紛れがないように、統一的にサマライズして法定することは不可能です。

こうしてみると、担当する人は、「亀の子いやだ！」では困りますね。科学的知見、思考には敏感である努力が必要です。だからと言って、何か尋ねると、すぐPCでエクセルを開いて、6．62607になります、などと言うのも困ります。「腰だめ」というと語感が悪いかもしれませんが、およその相場感覚を持つ習慣が大事です。そうでないと、閾値とか安全率といったものを、平易に一般に分かりやすく説明・広報することはできませんね。

㈤　二つ目には、閾値や安全率の説明を受けて、頭で分かっても、気持ちで受け入れられないということがあります。

かつて各地の農用地でカドミウム汚染が見つかって、1ppmを超える汚染米は食用に供しないこととなったのですが、〝これは勿体ない、大量の非汚染米と混ぜたら1ppmより十分低い濃度になるのに…〟と言った人がいた。理屈はそうでも、そうはいかないよねぇ〜

そもそも閾値とか安全率とか、科学的と言っている説明が信用できない、という状況に陥ることもあります。原子力発電所の事故を巡っては、このギリギリの議論になるので、中々根深い問題です。

いずれしても、今日少なくとも、頭からこれが科学的だと言うだけでは、誰も納得できませんから、リスクコミュニケーションを充実することが不可欠になります。

㈥　三つ目に、遮断・隔離という処理では納得がいかないということがあります。

遮断は、土壌汚染対策の大きなテーマです。築地市場の移転でもこれが問題になりました。土壌汚染を浄化すると言いますが、有機化学物質は、分解無害化も可能ですが、重金属は元素ですから原理的にはなくなりません。これに触れないように遮断するか、集めて他に持っていくかしかありません、他に持って行っても、そこで汚染影響を起こしてはなりませんから、処分地としてやはり遮断が必要なのです。

地下水汚染では、有機化学物質でも難しい問題があります。汚染地下水をくみ上げて汚染物質を浄化すればよいということで作業にかかります。最初は濃度がどんどん下がって行きますが、もう少しで環境基準という辺になると、濃度が低いので遅々として進まなくなります。地下水の補給がある限りどんどん薄まっていくので、それはよいのですが、処理効率が落ちてくる、拡散処理の逆ですね。

結局どこかで、遮断とか隔離をもって「よし」とせざるを得ませんが、「その遮断・隔離は永久に大丈夫なのか?食品を扱うところでそんなのはいやだ!」となると、納得を得るのは大変ですねぇ〜

(七)　法規制で担保するのは安全迄だよねぇ〜、というのは一応その通りなのですが、頭から安心が排除されているわけではないと思います。

先のカドミウム米のようなケースでもそうです。土壌汚染対策法でも、全国的に見た効率性・安全性の見地から、原位置封じ込めなどの遮断・隔離方策に公信を与えるよう詳細な規定を発展させているものの、掘削・浄化等によるクリーンアップを選ぶか、遮断・隔離を選ぶかは、土地所有者等の選択に委ねられています。

いずれの場合にも通用する魔法の解はありません。問題毎に最善化を図る他ないのですが、どう考えてそう決めたのかは、法律には書いていない、結論だけなんですよねぇ〜

環境ホルモン（内分泌撹乱物質）問題が起こったときは、うぅ〜んこれは、と思いました。

通常の有害物質では、暴露量の増大とともに影響が大きくなりますが、典型的な環境ホルモンの影響機序では、低用量問題と言って、暴露量が比較的低い、程よいところで大きな撹乱作用が生じる。通常の生理作用でホルモンを浴びたのと同様の状態になる微妙な量でないといけないわけで、多量になってしまうと、却って予期したような影響は生じない。量―反応関係のグラフを書くと右肩上がりではなくて逆U字になっていると言うのです。

こんなの規制が必要になったらどうするのだろう。対象物質の定義に逆U字の性状を有するものと書く、そうすると規制値を大幅に超えてしまえばＯＫ、放免だぁ～い。幸い、その後の調査研究で、通常の毒性から見ても規制すべきいくつかの物質のほかは、このような典型的な問題物質は見つかっていません。

2．死んだトキの餌をねだり

㈠ トキの保護は、中国の協力と関係者、地元の努力で軌道に乗っていますが、そのごく初期の頃、トキの人工繁殖の予算要求の大詰めで、特別に最後の要請機会を財務省にもらいました。困った朝一番のアポだったのですが、朝刊一面で借りてきたトキが急死したと報じられました。困ったけど仕方ない。死んだからといってシャビーな予算にしたら日本の恥だ、と勢いで力説しましたが、「死んだ子の年を数え、ならぬ、死んだトキの餌をねだりだね」と笑って、予算を付けてもらいました。

ニッポニア・ニッポンの学名を持つトキの種を保存することは、学問、文化、人々の信条から計り知れない値打ちがあります。でも、このまま保護センターの中での人工増殖に終始するなら、生物多様性の見地から、どう意味付けをしたらよいのかなぁ、と思っていました。事態は幸運な方に傾き、増殖も百羽以上になるまでに成功し、逐次野外にも放たれるようになりましたので、いかなる見地からも、よかったとなりました。

(二)　自然環境保全の分野では、一生懸命にやっているのですが、ふと考えると何を守っているのか？と思うことがあります。人により、地域により、時代により、価値観が異なる、価値観の揺らぎが、問題を複雑にします。

種の絶滅は、ショッキングな事態です。初期の頃の説明は、例えばアオカビからペニシリンを開発したような幸運は訪れなくなるというものですが、なんだかこれはケチですね。もっと全体像を叙述する崇高な説明はないのか。後に二〇一〇年の生物多様性条約締約国会議で、遺伝子資源へのアクセスと利益配分（ＡＢＳ＝Access and Benefit Sharing）に関する名古屋議定書[33]が議論になったときも、例えを聞くと、ニチニチソウから開発された小児白血病の薬が発端ということでした。うぅ～ん。

生物多様性 biodiversity が言われるようになって、なるほど、生物生態系は、種だけでなく、遺伝子のレベルでも、あるいは生態系のレベルでも、様々なものが存在して複雑に絡み合っている、この多様性が安定的存立の条件だ、うん、これは高級な考えだと、ホッとしました。

多様性を損なうと碌なことが起こらない。むやみに破壊しない方がいい。そこまではよいが、どこをどうしたら何が起こるかは、将来、ビッグデータ処理をしてＡＩ人工知能が考えてくれるかもしれませんが、今の段階では、中々分かりきらない。不可知論では仕方がないので、大切なものを数え上げる方式を採っています。

何が大切なのか、例えば、四つの生態系サービス、つまり、生態系が人類に与えてくれるサービス、恵みは、①基盤サービス（酸素の供給、土壌形成等）、②供給サービス(食糧、水、木材、繊維、燃料等)、③調整サービス(気候調整、水の浄化、物質分解等)、④文化的サービス(美しい景観、レクリエーション、絵画・詩歌等)の四つだと言われると成程と思います。でもこれって、自然環境保全の意義と等価、人間との交渉関係で大切と思うものを大切と言っている域から出てはいないのではないでしょうか。

理屈を言ってないで、実用的に大切なものは大切だとしてみても、困ったことに、個々の種、個々の地域の自然を保護したり、破壊したりすることで、具体的な生態系サービスのどれにどれだけ影響するのか、分からないことの方が多いでしょう。ましてや、人類を支える生物生態系の全体の安定や豊かさにどれだけ裨益するか、具体的には、よく分からない。

㈢ ここでも法律は説明を放棄しています。

生物多様性基本法などでは、生物多様性の保全を図ると裸で規定してある。当然、国内外で学者や専門家が生物多様性保全上大切としているものを保全する趣旨だが、そうすると結局、種の絶滅を防ぐとか、大切な地域の自然を保護するということに帰着する。要するに保護したいものを保護するというトートロジーに陥ってないでしょうか。山川草木にも仏性あり、魂ありとする日本的情緒からすると、自然との共生の方がしっくりするのになぁ～

㈣ 憎まれ口はこのくらいにして、生物多様性のために環境を守るというのも、人のために利用する客体（基盤を保つという静態的な場合もありますが、所詮人のため）として守るというのが、法律的考え方でしょう。

この見地から顕著なものとして、種の保存法では、絶滅の危機に瀕する種を指定して、国内のものは、捕殺・採取の禁止はもとより、生息地の保存などの措置がとられますし、海外のものは、輸出入の禁止などの措置が取られます34。

鳥獣保護管理法は、もうすこし懐が深いというか、絶滅に瀕していなくても、日本に生息する鳥類、哺乳類について、原則捕殺禁止としつつ、有害鳥獣を駆除したり、ルールに基づいて狩猟を認めたりして、人の生活とバランスを取りながら、広い意味での保護を図ります[35]。

しかし、何故、鳥類と哺乳類に限られるのでしょう。カエルは泣いています。

動物愛護法は、ウシ、ウマなどの家畜、イヌ、ネコなどのペットを対象とします。野生生物ではなく人の所有に帰するので、大抵は民法で処理できる、自然環境関係法の仲間ではないとされてきましたが、虐待をしてはいけないとか、飼い方によっては、動物に対して酷とか、逃げて危険ということがありますので、そのルールを定めています[36]。

所有物なら何をしてもいいわけではありません。愛護動物の虐待には刑事罰があります。先ほど言った牛、馬、豚、鶏などの家畜、犬、猫といったペットは愛護動物です。おっと、この他でも、人が占有している哺乳類・鳥類・爬虫類は愛護動物です[37]。やっぱりカエルは泣いている、トホホ…

命に線引きをしているということでは、どう考えたらよいのでしょう。

しかも、植物は、本当に別でいいのかと言う問題もあります。

人間にとっての価値に引き付けて説明しようとすると、結局、国民感情、文化の問題に行き着いて、そこから先には進まなくなります。

3. 科学を超えるシームレス

㈠ 環境法は科学を超える？

そんなことはできません。しかし、科学が決めかねる問題に、行政が目分量で解決策を打ってしまうことはあります。科学者が先着して役人が後追いするばかりではないのです。

小池百合子環境大臣が「シームレスな救済」を打ち出して立案したアスベスト被害救済法では、暴露経路の解明をぶっ飛ばすという離れ業をやりました[38]。

アスベストは、古代から使われた鉱物で、耐熱、絶縁、保温を備えた重宝なものとして、建築物や自動車のブレーキシューなどに広く使われました（ほら！ＰＣＢ、フロンと同じように変化しないのが仇になる）。かねてから、微小繊維が肺に刺さって障害をもたらすとして規制が行われましたが、便利さゆえに後手に回った面は否めません。しかも、例えば中皮腫では、暴露から発症まで三十五年以上といわれる長い潜伏期間が問題顕在化を遅らせました。

二〇〇五年、アスベスト原料・使用資材の製造工場で、従業員、家族が多数死亡し、被害は周辺住民も巻き込んでいるのではないかと報道され、大事件になりました。

㈡ 最初に高濃度に晒されるのは、当然、アスベストを扱う従業者で、つまり、アスベスト関係工場の労働者、アスベストを使った建物の建築・解体工事の作業員ですから、労働環境の問題です。危険性の認識が薄く、十分な管理がされてなかった頃は、労働者以外にも様々な関係者が出入りして、広い意味での業務上の暴露を受けた可能性があります。

労働災害問題として対応するのが本命でしょうが、労働災害保険対象者の範囲は限られます。昔のことですから、どこで働いて、アスベストを触ったり、吸い込んだりしたか、と言われても分からない、証明資料がないとなります。

アスベスト製造工場に勤める夫の作業衣を洗濯していた妻、従業員行きつけの飲食店の店主、アスベストが吹き付けられた事務室内で暴露した、様々な事例が出てきます。

一般環境起因は、環境大気の測定データはあまり高くないが、十分綿密な測定がされたわけではないので、分からない。

結局、アスベスト被害を訴える人がどういう経路で暴露したのか、あとから解明することは極めて難しい。

(三)　関係閣僚会議が設置されて、各省は司司（つかさつかさ）で自分の守備範囲の対策を全力でやれ！となりました。規制や、改修・廃棄はこれでいけるのですが、被害救済は、どんな経路で暴露したか、即ち被害を受けるに至った因果関係が分からないと、どの省も組み立てができない。

今ある資料、現在の症状から、科学的に判定しろと言っても不可能です。

困ったなぁ〜そこへ、

小池環境大臣は、各省バラバラで谷間に陥る人がいてはいけない「シームレスな救済が必要だ！」と打ち出しました。

素晴らしいヒントです。中皮腫は極めて特異的疾病（特定の原因で発症する疾病で、その原因がなければその疾病は発症しない）だと言われます。それなら、

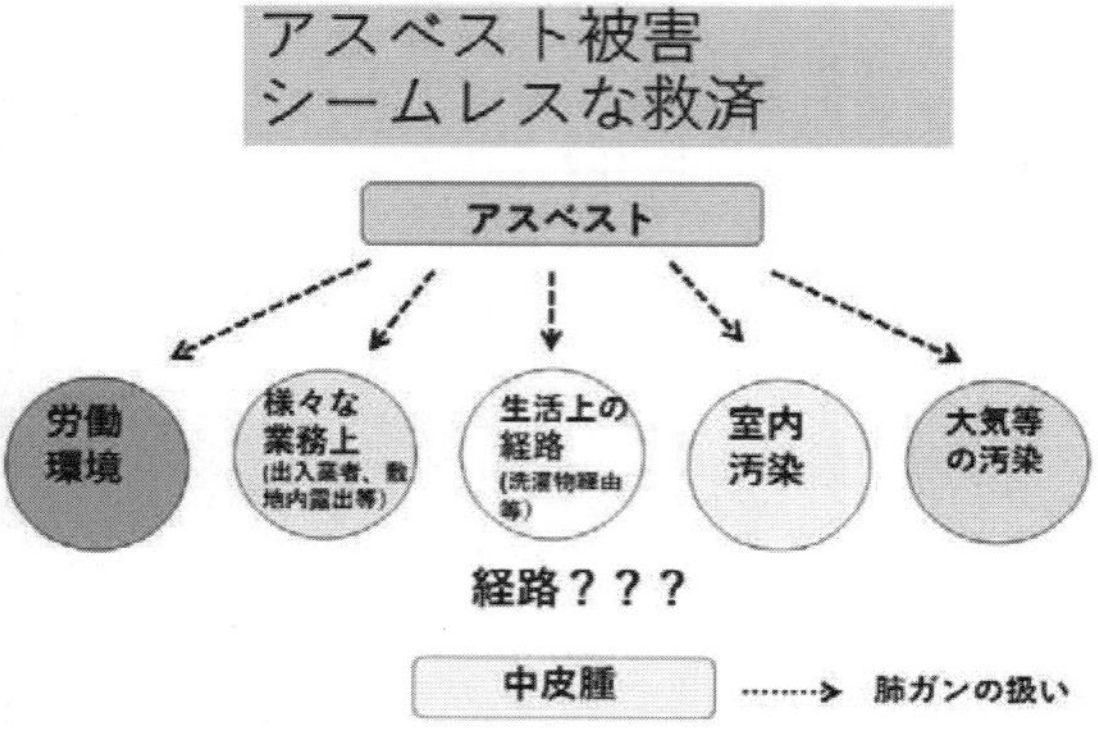

中皮腫と診断された以上、どういう経路で暴露したか分からないがアスベストが原因だ。経路はブラックボックスでも、〝アスベスト→中皮腫〟という因果関係が成立する。これで関係事業者や国や自治体が費用負担して、中皮腫と診断された人に一定の給付をする制度構築ができるぞ～経路が解明できなくてもいいからシームレスだ！

だが誰がやるの？自分の守備範囲外に出て制度構築をするので、誰がやっても同じ道理ですが、みんな二の足を踏みますよねぇ～

思い切った割り切り、事業者からの費用徴収は、環境省の専売特許ではありませんが、環境省でとにかく対応ができ、相当数の人を救済対象とすることができました。

制度の骨格ができた後は、頭から特異的とは言えない肺がんについても、医学的知見を集めてアスベスト起因性の強いものを認定できるように精緻化されています。

(注) 環境汚染による被害の補償・救済については、アスベストに係る右の点の他は、公健法を始め、本書では触れていません。今から見れば様々な問題が浮かび上がり、想えば凝然としてしまって、とても尽くせません。必要なら先に書いた解説書を参照ください39。

4．知は力なり、情報は？

(一)規制で相手を知ることの大切を説明しましたが、情報は力で、手法として拡張可能です。

子供の頃、当時、日本人のノーベル賞受賞者は湯川秀樹教授ただ独り、受賞理由はパイ中間子の理論的予言、すなわち、原子核の核子（陽子・中性子）は、パイ中間子をやりとりすることによって強く結びついていると聞いて、不思議に思いました。

ところがあるとき、パイ中間子は情報だ！と思った途端、スッキリしました。

ＡがＢに引力を及ぼすというと、何かＡがＢを引っ張るように擬人化してイメージしていたのですが、力であれ何であれ、ＡからＢに届いて、Ｂに何らかの影響を及ぼすなら、広い意味で、みんな情報だ。ＡがＢを引っ張るとイメージしても良いが、ＡからＢに情報が届いて、ＢがＡに寄っていくのでも同じだ。ＡがクレオパトラならＢ、秋波を送られて、Ｂのカエサルが手を差し伸べていく。情報をドンドンやりとりすれば、固く結び付くのは道理。物理でなくても、人文社会でも同じだ。

国同士、人同士で、情報を繋くやりとりすれば、関係は深まる。尊敬や利益をもたらせば引力側で友好交流、悪罵や奪取をもくろむなら斥力で、喧嘩、戦争になる、情報は力だ。

㈡　ＰＲＴＲ(Pollutant Release and Transfer Register)法は、有害性の恐れがある化学物質について、事業者が排出等をした量を算定報告させるが、報告結果それ自体をとがめることはしない。

地球温暖化対策法でも、事業者に温暖化効果ガスの排出量の算定報告を義務付けるが、報告すれば終わりで、それが多いとか言って直接何か求められるわけではない。

しかしながら、算定報告の義務付けによって、事業者が自らの工程等を十分把握し、管理が向上し、削減インセンティブにつながる。

これはまるで記録ダイエット方式だ！

記録ダイエットは、ダイエットの一手法で、カロリー摂取量や運動量をこまめに記録させれば、ノルマを課さなくても自然にダイエットができるという優れものです。

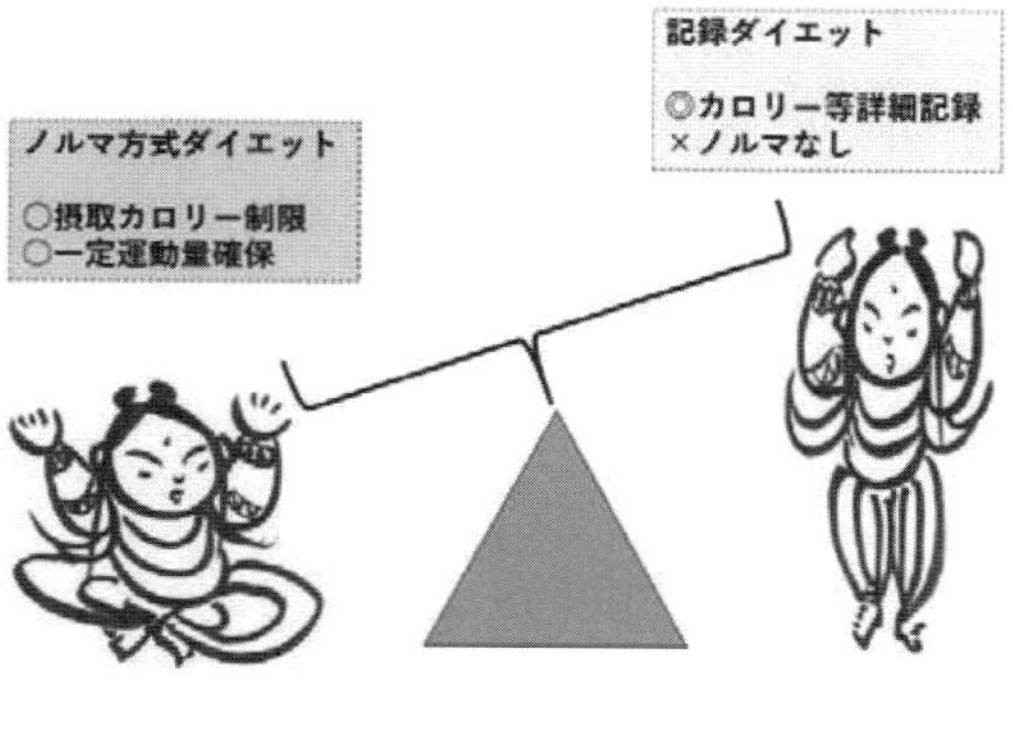

やはり情報は力ですね。

㈢　正確な情報とレッテルの違いをよく見ないといけませんが、今日の社会でレッテルの持つ力は大きいものがありますし、レッテルは、情報の力を増幅します。

クールビズ、エコポイント、打ち水大作戦…

法律も、グリーン購入法のように、ニックネームのついているものは、インパクトが強いように思います。

グリーン購入法は、政府調達にあたって、各省は、一定の環境性能が高い商品、サービスを購入しなければならないというものです40。

従来の考え方では、何も法律がなくても、各省がそれぞれ自分で決めればよい、品目・基準を統一したければ、閣議決定で足りるということになるでしょう。

しかし、実際の効果として、政府調達それ自体の市場影響力に加えて、地方公共団体も事業者も右へ倣えをすることでデファクトスタンダードとなって、環境性能の良い商品・サービスが市場優位に立つことができます。

法律は、あずかり知らぬことだが、これは、法律のレッテル効果で、法律には書いていない。

そうやって、法律に書かないで裏家業をしていると、それを標準とか、認証とかいう手続きが不備になって、再生紙偽装のような事件が起きてしっぺ返しを喰うこともあります。

でも、標準とか認証にもっていくには、市場でこなれる必要があり、国際協調も必要になります。待っていられませんよね～

伝統的な考え方にはなじみませんが、結局、法律そのもののレッテルの力を使う、それを社会を変える原動力にするというのは、アリではないでしょうか。

5. カタツムリの殊勲

㈠ 世界遺産というレッテルは強力ですね。一九七二年に採択された世界遺産条約*41*は、エジプトのアスワンハイダムの建設で水没するアブシンベル神殿を救う運動が契機となりました。途上国が開発を急ぐあまり、人類共通の宝物が失われては大変だというわけですから、先進国は、何もこれに頼らなくても、自分でしっかり守ればよいのですが、観光始め様々な効果が期待されて人気が出て、とうとう自然遺産、文化遺産合わせて千件を超えてしまいました。

㈡ 顕著な普遍的価値（outstanding universal value）ということでは、日本は、文化遺産はいいけれど、自然遺産はなかなかしんどい。秀峰富士と言っても、同様のコニーデはアラスカに一杯あり、しかも人工が加わっていないと言われて、自然を諦めて文化の方で登録に漕ぎつけました。

小笠原諸島は、絶海の固有種も豊かな群島ですが、ガラパゴスのネームバリューには追い付かない。ホエールウオッチングも世界各所に絶好の場所があるということで苦戦。仕方がないので、何十と言うカタツムリが島ごとに独自の進化を遂げている！なんて玄人好みのことを縷々言って入れてもらいました。

あくまで手付かずの自然を貴しとする専門家と、山水画の中に常に人の営みを書き込む東洋文化のギャップでしょうか。

(三)　国立公園も、レッテルが有効で、優れた自然の地域を特別保護地区、特別地域として、開発を規制するのが基本ですが、利用調整地区、風景地保護協定制度、海域公園地区、車馬乗り入れ規制地区など、次々と老舗の温泉旅館みたいに、別館、新館と建増をしています[42]。一つ新しいスキームを作ったら暫くそれをやっているというよりは、次々と新しいスキームを法制化するのが好まれるのは、レッテルの効果が高いからでしょうか。

レッドデータブック、絶滅危惧種というのも、訴える力は、強烈ですね。
それに引き換え、外来生物種は可哀そうです[43]。

長い年月をかけて自然に移動するのではなく、人間のせいで、むやみに放されたり、付着混入して、来てみれば、甚だしきは、侵略的外来種と恐ろし気なレッテルも貼られて、駆除対象となる。

〝僕らをやっつける前に、原因を作った人間を罰してくれ！〟と言いたいでしょうね…

㈣　人への影響の他、在来種が圧迫されたり、遺伝的に撹乱されたりという、生物対生物の押し合いがあるのも、この問題のポイントです。

各地で和産のアユやフナ等を圧倒したブラックバスの蔓延が、外来生物法制定の大きな契機となりました。駆除対象として、まずブラックバスを指定する必要があり、指定は政令でできるのですが、法案の与党了解を取るときに、外来種指定については予め諮れと自民党から条件を付けられていましたから、その了解が必要です。

ところが、ブラックバス擁護派が優勢で、指定は困るという釣具屋さんやボート業者のロビーイングがよく効いていた。伝統的な内水面漁業関係など指定賛成の人は出遅れて、とてもかなわない。そこで、事務方としては延長戦（半年延ばして検討）という妥協案をつくって根回ししました。

しかし、小池環境大臣はこれを許さず、マスコミに、私は反対だ、直ちに指定すべき、と公言してしまった。

担当局長は、完全に板挟みになったのですが、仕方がない。そこで、済みません、済みませんと謝って回った。もちろん、議員からは、何やっているのだ…と罵倒されます。

それは仕方ないとしても、今から指定の提案をしても、まず通らない、困ったな～

いよいよ自民党の会議が始まって、普段は出席しない議員も続々来て手を挙げる。大物議員が「環境省は何をやってるんだ！」（来た！）「大臣が指定だと言っているのに事務方がもたもたしたらダメじゃないか」（あれぇ？）

報道後、次々に議員がブラックバス排除側について、押し切ることができました。

とてもダメは静態的に見た場合で、小池大臣の声明でマスコミ世論が付くと、雪崩を打って支持者が増える、これぞ政治！というダイナミズムを見ました。

ただし、これを事務方がやると大ヤケド必定でしょうねぇ～

ちょっとおまけ５　挫けるな、法律はすご～い。何でもできる？

(1)　「法律は男を女に変える以外は何でもできる」といった人に「それもできる。鰥夫（おとこやもめ）は寡婦とみなすというのが、年金の附則にある。」といった人がいました。

名前がない場所に名前を付けた人がいます。かつて、鳥獣保護区の告示案に、どこどこからB点を通って、どこどこを通っていって囲まれる区域と書いてあるので、B点って何だと尋ねたら、適切な目印がないので、杭にB点と書いて打って来たと聞いて、あまりのことに唖然。何故Bか、例えばXでないのかは聞き忘れて、家に帰ってしばらく考えたが、あっ！Birdの Bか、考えて損した。

(2)　私も、隠岐の島に名前を付けちゃった！

隠岐の島は、島前、島後に二分され、島後に一番大きな丸い島がありますが、この島には名前がない。島後と言ったら、いくつかの小さな島も含まれるが、それは入れたくない。それなら属島を除くと言えば？いやそれでは困る。名前のない大きな島の地先の岩礁みたいな小さな島は入れたい。なんちゅう注文だ！

それでも三日三晩考えて、沖縄本島のことを、本島（普通名詞で main island の意味）と呼ぶ前例がある。「島後（本島に限る。付属の島嶼を含む。）」どうだ！ネットのないときに探すのは本当に（洒落ではないです）大変だった。

⑶　碁のシチョウのような、やってもやっても助からない附則がありました。

アセスメント法案の交渉過程で、たとえ今合意しても、着手間際の事業では、とても対応できない、施行乃至は適用を二年後にしてくれと言われて、分かるけど、国会向けにはみっともない、建前としても、それなら来年提出しろと言われかねない。なんとかならないか。

そこで施行・適用は一年後だが、二年以内に着手する事業は適用除外にするという附則が書けないか、一睡もしないで苦吟しましたが、これはできません。例えば二年後の日の前日を考えてみましょう。この時点で適用除外になっている事業が、そのまま着手できないで翌日を迎えたら、どうして遡って義務違反になるのでしょうか。どこかで着手できないと確定する日があるというのでは、シチョウ当たりから逃げるといってるようなものですね。

二年以内に着手するというのは一種の自己言及で、これを時の流れの中におくと、自己言及のパラドックス（散髪屋は自分で髪を切らない人の髪を切る）みたいに、必然的に矛盾します。先に教えてください、何としても書こうとして頭が爆発しましたよ～

Ⅵ　回れ、うぃーんうぃーん

1．非経済だが、不経済ではない

㈠　「もったいない」は大切。地球の環境資源を適切に保全して、その範囲で繁栄を享受する、かつ、これを次代以降の世代にリザーブする、人類存続のための根幹的責任です。

しかし、だからといって、経済発展を止めて、環境はリザーブできたが、貧困もリザーブされた、というのでは、政策にならないと思います。

持続可能な開発目標（Sustainable Development Goals）は、二〇三〇年に向けての国連の行動計画（持続可能な二〇三〇アジェンダ。二〇一五年採択）の中核をなすものですが、一七の目標の筆頭は、貧困をなくすことです。

環境と経済を、ｗｉｎ‐ｗｉｎで向上させていく、そしてこれが力となって更に加速していく、経済と環境の好循環が重要です。しかし、環境に優位な商品・役務等が普及するには初期障害の壁があります。

ｗｉｎ‐ｗｉｎという大局方向に優れている技術、製品、産業でも、イノベーションを起こそうとすると、始めは、周辺のハード・ソフトに十分マッチングしていないし、スケールも小さいから、非効率になります。逆に、現状優位のものは、そこへ市場が落ち着いたのだから、現在の短い時間の範囲では、最善に見えるのでみんな変えたがらない。これが初期障害の壁です。

(二) これを破るには、①政策意思を明示する、②初期障害の壁をブレークスルーするまでは、後押しを止めないことが大事です。

そうすれば、重い弾み車を回すように、最初の一周は重くても、一周回ると、それを見ていた人々が参加して、段々早く回るようになります。そうして後から後から参加するようになれば、変革は成功します。

この初期障害の壁があることが法律で扱いにくい理由でもあります。つまり、法律は熟さないものは扱いにくいからです。

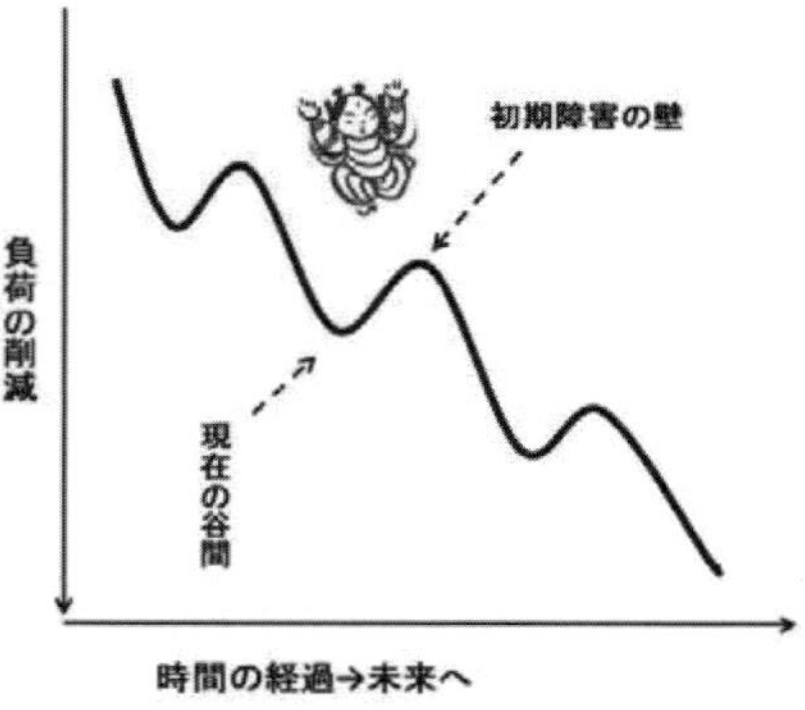

(三) ソーラーの普及策で、「長打を逸したかも」と言いました。

EVの普及策でも、長年苦心しました。あるとき国土交通省で、電気自動車の導入に補助金を付けたら、好評で補助金をみんな使ってしまった。結構なことだが、財政当局は追加を許しません。〝補助金をやめたら誰も買わないというのでは、金の切れ目が縁の切れ目で意味がない。先駆的導入で、認知度は上がる、価格は下がる、充電スタンドが増えて、補助金無しでも独り立ちする、こうでなくちゃいけない〟という正論です。

だけど環境コストは外部不経済で、既存の商品サービスに織り込まれていないから、環境によい後発製品が優位に立つのは難しい。競争レンジに入るだけでなく、一旦は競争優位に立つまで後押しがいると思うのですが？

2．エコポイントは大乗仏教？

㈠ エコな行動が、格好いいとか、これはお得となればいいんだが…

自動車では既に、環境対策車に様々な優遇があり、優秀車は

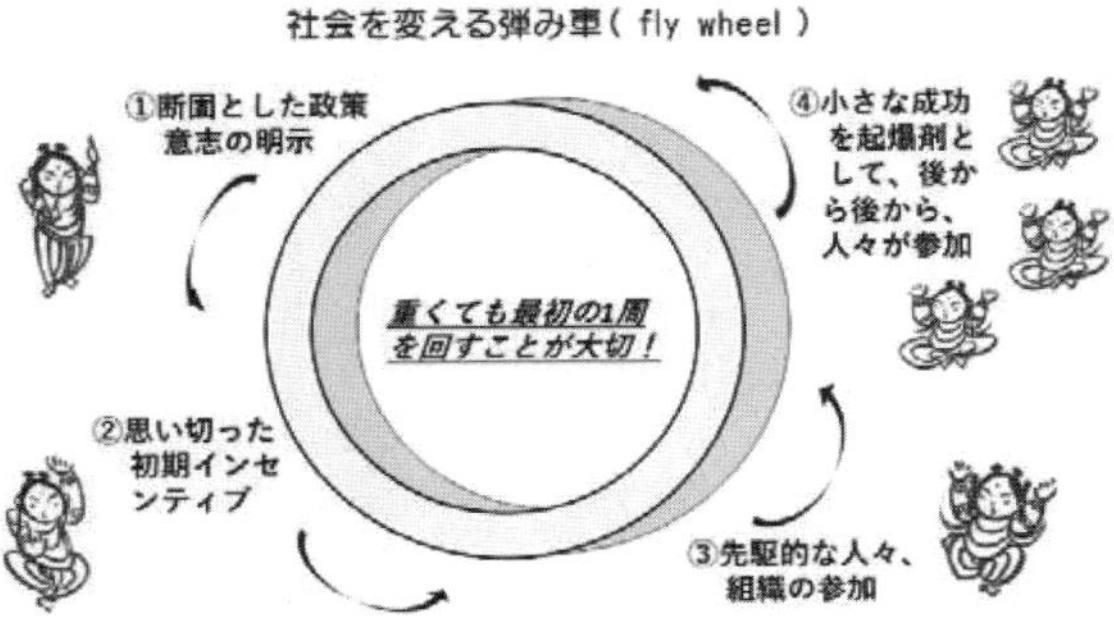
社会を変える弾み車（fly wheel）
①断固とした政策意志の明示
②思い切った初期インセンティブ
③先駆的な人々、組織の参加
④小さな成功を起爆剤として、後から後から、人々が参加
重くても最初の1周を回すことが大切！

三ツ星、四つ星のステッカーで誇る時代となっていましたが、省エネ家電は、商品説明に控えめに書いてあるだけだ。

消費者にすぅーと選んでもらえる付加価値はないか?そうだ、誰でもマイレージとかポイントなら一生懸命に貯めている。

家電エコポイントの発想です。お金の勘定だけでなく、心理的な感情も動因として加味する行動経済学ではありませんが、消費者の行動の読みは当たりましたが、事業者の方は、なかなか大変でした。

㈡ 事業者としても家電製品が売れるからいいじゃないか、と思って家電メーカーに協力を求めて回りましたが、反応が悪い。最近の家電販売は量販店のイニシアティブが強いからかな?と気が付いて、大手量販店を回ると、感触はいいのですが、すぐにはやってくれない。

そうこうしているうちに、二〇〇八年のリーマンショック対策で、エコポイントの原資を政府が出すこととなり、五千億円規模の補正予算が組まれたら、各量販店は、政府に先行してやりますと言って大競争になった。まあ、囲い込みは重要戦略ですからね。

㈢ とにかく注目を浴びて受けに入っていたら、地球温暖化の担当者から、「エコポイントでは、大型TVに買い換えたり、エアコンを他の部屋にも設置して台数増になってもOKになってしまう。省エネにならない」とクレームがありました。

違うのだ！省エネの方を選好する社会をつくるのが目的なんだ。いわば大乗仏教だ。

個々人、家庭で、意識を深めて、省エネ努力をしてもらえば有難いけど、それだけでは社会一般を巻き込んだ大きな変革は難しい。個々の修行も貴いけど、皆で成就する大乗仏教が大切なんだ！


㈣ これでよければ、法律はいらない！

大見得を切りましたが、景気対策の急場を過ぎて予算がつかなくなると、確かに〝金の切れ目が縁の切れ目〟で、下火になってしまいました。

いまや社会に定着した小池環境大臣のクールビズには及びもつきません。

自動車NOx法の車種規制でも、エコポイントでも、永続するシステムとならず、そのとき一発勝負型になってしまいましたが、それでも全体としてははずみ車を一周まわしたかなぁ…

3. どうしたら回るリサイクルサイクル

㈠ win-winの弾み車でもって、是非、リデュース、リユース、リサイクルの3Rを回したいですね。スーパーで買い物をすればトレイがついてくる、使い続けようにも修理・修繕してくれるところがない、分別しても持っていく回収ルートができていない、つまり物理的装置も社会の仕組みもない状況では、エコな生活を心がけると言っても、大変ハードルが高い。

先の初期障害の壁がモロに働きます。「リサイクル実はエコではない」流の反撃がされるのもそれ。時間軸を短くして近視眼的な分析によって非効率を言い立てても仕方がないでしょう。継続・普及して社会にいきわたらせることで、ｗｉｎ-ｗｉｎとなる設計をしているのですから。

(二) 社会全体で回ってくれなくちゃ！

思えば、高度成長から経済大国へ歩む過程で、生産から販売までの「動脈」側では、眼を見張る技術開発が進み、下請け始め関係会社とも一体となった高度化が図られましたが、廃棄・回収・処理の「静脈」側は、安ければよいということで等閑視され、気が付いたら、技術、装置、システム、企業の体力どれをとっても、後れを取ってしまいました。

「静脈」側が、「動脈」側に並ぶ基幹大産業になる。そういう時代になることが、３Ｒを成就させる王道です。

(三) 一朝にしては成らない。いわば発展途上の政策分野なんです。

循環型社会形成推進基本法ができて、そこに理想、原理を書いてある、そして、一方で適正廃棄のルール・取り締まりを厳格化する、他方で各方面のリサイクルを推進する、トライアングルができました44。

リサイクルを推進する法律をみると、①放っておいてはリサイクルループができないので法律でそれを作ってしまうもの、②廃棄物処理法の適用除外にしてあげるから、事業者は工夫してリサイクルしなさいと慫慂するものに大別されます。どちらも、必要で可能な分野ごとに一品生産する方式がとられています。

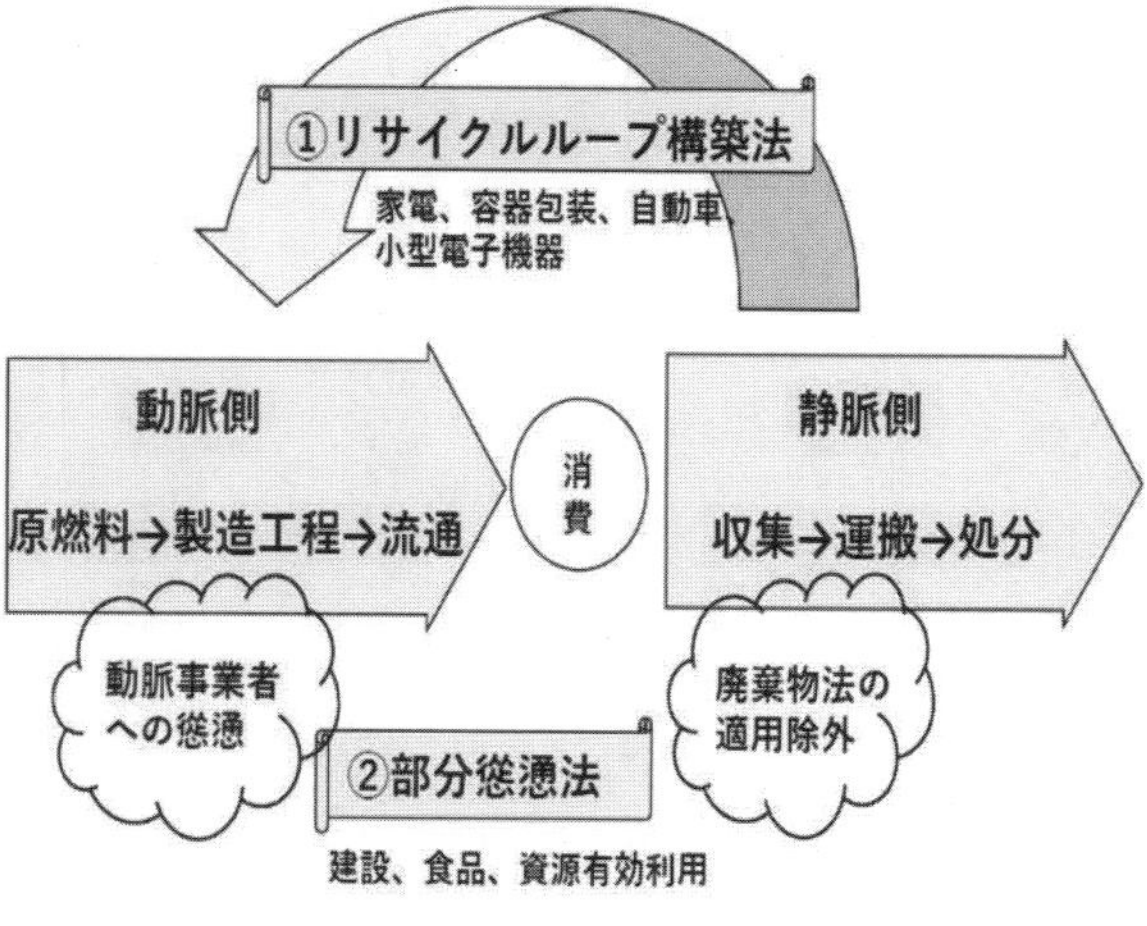

結構なことなのですが、先の動脈・静脈を思い出せば、リサイクルも、物が流通ルートを辿っていく一種の取引。それが現在の民商法の秩序でうまく流れないなら、その特則となるリサイクル通則法（いわば形而上の世界の循環基本法ではなく、取引を律する通則法）があってもいいのではないか?そう考えると困ったことに気が付きました。

大抵のｗｉｎ-ｗｉｎ弾み車は、回っていくうちに拡大していく、つまり、環境配慮製品の需要が増え、生産流通ロットの大量化が、品質向上、コスト削減に繋がる、成長型の好循環で成り立っている。でも、リサイクルの前には、リデュースだ。

終局的には、縮小型で回るｗｉｎ-ｗｉｎモデルの開発が必要かもしれません。

㈣

ただ当面は、そういう心配には程遠い。現状を踏まえた、現実的な方策でいいでしょう。

動脈側の成長拡大は、原理的には、廃棄のコストを押し上げます。抜け道を防ぐよう廃棄物の適正処理と企業行動の公正を追求していけば、静脈側経済が拡大します。

逆に言えば、静脈側の発達が動脈側の成長を支え、静脈側の停滞が動脈側の拡大を扼する筈です。

理屈ではわかるこのことを現実にするのは、大変。国内だけでなく、新興国や途上国の状況も見据える必要があります。

放っておけば、経済格差のある所に不適切不公正な廃棄が生じます。先進国は、経済的優位を利用して途上国を有害廃棄物のゴミ捨て場にしてはいけない。バーゼル条約で規制するのがそれです45。

途上国も成長発展するに従い、都市部周辺にゴミが山積されていたり、有害物質を垂れ流して金属を取ったりすることに耐えられなくなります。

中国では、生態文明の旗の下、生態工業園、つまり静脈産業の立地する工業団地開発を熱心に進めています。開発の方に力が入りすぎているところもありますが、長期的視野に立った見識と思うのですが…

古来興亡した文明は、発展に従い、森林を切りつくしたり、豊かな土壌を喪失して、衰亡を招いたと言いますが、ごみに埋もれて…とならないように、経済社会の変革モデルを成功させれば、大きな国際貢献ができます。

4. みんなでやろう!

(一) 大乗仏教だというなら、みんなでやらなくちゃ!

環境教育法46には、環境教育の推進とともに、みんなでやろう、協働による環境保全活動の推進が、節を立ててうたわれています。環境基本法でも、全員参加が強調されていますが、ど

環境教育法　第三章　第二節　協働取組の推進

（協働取組の在り方等の周知）

第二十一条　国は、協働取組について、その在り方、その有効かつ適切な実施の方法及び協働取組相互の連携の在り方の周知のために必要な措置を講ずるよう努めるものとする。

（政策形成への民意の反映等）

第二十一条の二　国及び地方公共団体は、環境保全活動、環境保全の意欲の増進及び環境教育並びに協働取組に関する政策形成に民意を反映させるため、政策形成に関する情報を積極的に公表するとともに、国民、民間団体等その他の多様な主体の意見を求め、これを十分考慮した上で政策形成を行う仕組みの整備及び活用を図るよう努めるものとする。

2　国民、民間団体等は、前項に規定する政策形成に資するよう、国又は地方公共団体に対して、政策に関する提案をすることができる。（以下の各条略）

ちらかと言えば、行政や事業者だけでなく、国民、一般市民も取り組んでくれと言って、要請するばかりで、国民、一般市民の方から物申して、一端を担う趣旨は書きされていません。

㈡　環境問題における参加をもっと正面から議論すべき、欧州では、環境に関する、情報へのアクセス、意思決定における市民参加、司法へのアクセスに関する条約、オーフス条約があるではないか、と言われます。

環境アセスメント法で、公開・参加の前衛となったことに懲りて、ビクビク逡巡するわけではありませんが、具体的な問題事案の積み重ねなくして、理知的に基本制度を議論するのは容易ではないでしょう。

まずは、協働による環境保全活動があちこちで市民権を得ていくことが力となる筈ですが、そのため環境法で何ができるかと言うと…

環境教育法は、生物多様性や循環型社会のような基本法であってもおかしくはないと思うのですが、これらの基本法が数多くの実施法を引き連れているのに対し、環境教育法に基づく施策は、知識を普及するとか、みんなに呼びかけるとか、みんなの意見を聞くとか、法律事項がなくて、殆ど法律にならない。

㈢ そこで担当者は、論より証拠、成功事例ができないかシャカリキになって、個別事案で結構よい成果をあげます。眼に見えるので楽しいのですが、全国行脚して、悉皆助っ人するわけにもいかず、もとより法制化も望めないとなると、行政としては、どうしたらよいのだろう…となります。

ちょとおまけ 6 法律事項がハードルなのか?

⑴ 昭和三八年九月一三日の閣議決定で、内閣提出法案については、「法律の規定によることを要する事項をその内容に含まない法律案は、提出しないこと。」とされています。法律濫造ではいけませんから、法律事項を必要とし、例外は基本法のような重要事項に限るのは、分かります。

禁止や許認可など私人の権利を制限するもの、埋立免許のように特別な地位権益を与えるもの(行政法上の特許)、税や刑罰といったものは、当然に法律に定めなければならない。法律事項の要求は、伝統的な手法にはなじみがいいのですが、多様な手法を展開しようとしたり、国際要請に対応しようとすると、結構、あれれ?法律事項がないよ、と困ります。

(2) グリーン購入法は、政府調達のルールを決めるものですから、政府の各省だけを拘束すればよい、閣議決定でもできるということになります。しかし、この法律が実際に社会に与えたインパクトは、果たして閣議決定でもたらされたかは疑問です。

気候変動など環境関係の国際条約では、「各国政府が計画を定めて対策に取り組む」ことを中核的内容とする方式が多用されます。この場合、「計画」がキモなのですが、政府の計画なら、何も法律がなくても閣議決定で良いと言われます。そこで計画策定を規定するとともに、これに加えて法律事項を含む施策を何とか抱き合わせにしようと呻吟しています。

(3) 法律事項に関する閣議決定では、法律事項を含まないのはダメですが、法律事項があれば、それ以外の規定、法律事項でない事柄も盛り込むことができます。

他省の法律でよく使われる手法ですが、奨励する取り組みにちょこっとだけ税制優遇をする、その要件を規定すれば法律事項、これを足掛かりにして、目一杯広げて基本方針とか訓示規定を書く。そうしておけばその分野は一種の先占領域になる。

細く立ち上がって傘を広げた、エミール・ガレのランプを思い出して、「ヒトヨダケ」方式だ？

残念ながら、環境法では、こんな便利な定番は発明されていません。

伊達眼鏡ならぬ、「ダテヨロイ」方式というのもあります。先のエンドオブパイプアプローチの事業側の法規を思い出してください。

事業所管省、事業者側で法律を出す。法律では、まず事業者の守るべき指針が規定され、指針に照らして出来の悪い事業者には勧告をする、言うことを聞かなければ公表する、それでも言うことを聞かなければ命令をする。命令違反には罰則があるので、法律事項。でもこんなもの発動できますかね？

実際には、事業者団体が申し合わせをして、指針に沿って取り組むから、発動の必要もない。張り子の鎧だ、図に乗ってこんなこと言ってたら、叱られるかな…

Ⅶ 圧倒的な腕力が必要なときもある

1．３Ｋのトイレでは…

㈠ 自然環境保全は、新興の生物多様性がクローズアップされていますが、老舗の自然公園法によるところが大きく、自然公園区域は国土の一四％余と聞くとちょっとしたものです。

しかし、人手の入ってない広大な土地を国有地として、土地権限に基づく公園管理をしている米国などに比べて、ゾーニング制、つまり人の土地に線引きをして、現状改変を規制しようというわけですから、大変です。

規制地域内の土地改変が不許可になった場合、通常生ずべき損失を填補する規定があるのですが、実際に払われた事例はありません47。金銭で片を付けると言ったら悪いですが、どんどん不許可にして、その代わりどんどん補償するなら簡単なのですが、判例でも、こうした地域で、ある程度規制を受けるのは、財産権に内在する制限だとして補償を認めていません。安易な税金投入で楽するのはダメ。

それなら、土地を買い上げて国有化してしまえ、というのも同様。やたら税金で高価買い入れはできないので、貴重な地域に限るなど要件が厳しい。民間でも寄付を募って買い上げるナショナルトラスト運動が進められていますが、前途は厳しい。

㈡ ゾーニング制だと、そこで暮らす人々と手を携えていかなければいけません。利用や保護のための質の高い施設整備が欠かせないわけです。

かつて予算がないため、臭い、汚い、暗いの3Kトイレで嫌われ、踏み荒らされて歩きにくい登山道の縁を人が歩くため、更にガタガタになって植生も痛む悪循環が各所で生じていました。自然ボロボロ…

一九九〇年代半ばごろからようやく光が当たります。

食前のやせた姿と食後の突出た腹の絵、今ではそんな幼稚なCMはありませんが、従前の崩落した様と整備後の歩きやすい登山道の写真、まるで食前・食後を看板にして「鉄とコンクリートの公共事業から、緑と生き物の公共事業へ」と訴えて、予算折衝に臨みました。とうとう一九九四年度には、自然公園等整備事業が公共事業に新入りさせてもらったことから、予算的には一息つきました。

㈢ 公共事業になると何が違うか、一つには、公債対象経費であることです。次代への財産になるということで、その原資を建設国債で賄うことができます。

もっとも、財政法四条三項で公債対象経費とされる公共事業の範囲は、道路、河川、港湾など通常公共事業としてイメージされるものより広く、文教施設や社会福祉施設の整備なども含まれます。そこで、ややこしくて恐縮ですが、狭義の公共事業を「公共事業関連費」、それ以外を「その他施設費」と呼んでいます。自然環境保全のための施設も従来から、その他施設費とはされていましたから、その点では同じ筈です。

しかし、狭義の公共事業、公共事業関係費は、かつては、列島の骨格を創造し、景気対策を左右すると重視され、大きな予算の伸びが認められましたから、これに入っているかどうかでずいぶん違いが生じました。論より証拠、自然公園整備費は、戦後すぐには、都市公園整備費を上回っていましたが、都市公園が公共事業として順調に伸びていく傍ら、自然公園は毎年目減りして、一九九〇年代には、千五百億円超対二十億円余と桁違いになりました。現在では制度改正もあって、三百億円対百億円弱ぐらいになっています。

㈣ そんなにいいものなら、野生生物関係も、その他施設に残さないで、みんな公共に行ったらどうかという議論がありましたが、将来、公共事業への風当たりが強くなることもあるから、二手に分けておくことになりました。

その時の情勢で、蟹・蟹、カニ・カニだ!と言って都合の良い方を大きく振りかざすというわけです。

野生生物関係の施設の主力は、観察や教育、保護運動の拠点となるセンターで、保護増殖用のフィールドまで備えたものがあります。

ラムサール湿地登録48を機に琵琶湖に水鳥・湿地センターを作ったのを皮切りに各地の水鳥・湿地はもちろん、佐渡のトキ保護、猛禽などの野生生物、それぞれ、旬と思われるテーマで、手を代え、品を代え、世界自然遺産が指定されたら「世界遺産センター」の看板で、予算要求して整備が進められています。

2. フル装備が欲しい

㈠　一九七一年に「環境庁」が発足した時は、ときの大石長官が、建設中の南アルプススーパー林道の工事を止めたりして月光仮面ともてはやされる反面、予算も人も少なくて、色男金と力はなかりけりと揶揄されました。

そうなったのも道理、環境庁を作ったとき、「公害規制は環境庁に一元化する、その他は各省庁で分担し、環境庁は総合調整を行う。」とされ、基本的には横割り官庁としてスタートしました。ヘドロ浚渫、汚染農地土壌改良、下水道、廃棄物など、事業予算を要するものは持っていませんでした。公害防止装置など民間対策にかかる税制や支援措置も持ってません。

伝統的な汚染規制立法が一巡してしまうと、どうもツールが足りない。ゲームみたいにステージごとにアイテムをゲットできるわけではない。

「総合調整」は、哲学を持って一定方向に導くべく調整することだ、伝家の宝刀として各省への勧告権も持っていると突っ張っていましたが、各省は、〝そんなこと言っても、結局は調整が必要でしょう、勧告だってむやみにはやれない（初期に航空機騒音と新幹線騒音対策について発動したきり）〟と相手になりません。

㈡　建前だけでは足りない、実働装置、実働部隊を持って環境施策を切り開くには、各省の持っているものが欲しいねぇ〜。

坂の上の雲でしたが、徐々にこれらは整備されてきます49。

・実施官庁たる（省）二〇〇一年中央省再編で環境省になる。

・事業予算（公共事業）一九九四年自然公園等事業を公共事業化、二〇〇一年廃棄物整備事業（公共）が合流。

・自前の財源・財布（税）二〇一二年地球環境対策税導入、（特別会計）二〇一三年度エネルギー対策特別会計を経産省と共管

・実働組織（地方支分部局）二〇〇五年地方環境事務所の設置

（研究所は、環境庁時代から国立環境研究所がある。実働法人は、環境庁時代の二特殊法人を改組。被害補償などをサポートする独法と中間貯蔵施設運営等のための特殊会社）

・思わぬことで、原子力規制委員会が外局となる。

後は、何か海外情報を集める窓口があれば、言うことはないのですが…。

㈢　周回遅れで一揃い整備されました。

ぁぁそれなのに…先行官庁では既に制度疲労を起こして、特別会計や支分部局のあり方が問われ、見直しの対象となっている。周回遅れだから勘弁してくれ、環境だけ別だぁ〜いとはならない。辛いけど、エスタブリッシュに胡坐をかく暇がないことは、良いことかもしれません。

3．フィジカルの強さが問われる！

㈠　二〇一一年三月一一日の東日本大震災の発生で、フィジカルの強さが問われる大きな転機に直面します。

かつても、伊勢湾台風などの大きな災害で、発生した廃棄物の処理に悩まされることはあったのですが、東日本大震災では、膨大ながれきが発生、合計一五〇〇万トン、日本で一年間に出る一般廃棄物五千万トン弱の1／3位が一夜にして出る大変な事態になりました。

激甚な災害が発生すると、まず人命救助、寝食の確保、それに続く緊急対策、やがて復興対策へと進むでしょうが、いずれの段階でも廃棄物処理は喫緊の課題。健康保護、衛生確保はもちろん、そもそも、これをどけなければ、緊急車両も重機も入れない、再建整備の用地もない。このため、兆単位のかつてない予算が組まれ、様々なソースを集中投入して、がれき処理が進められ、二〇一四年度末までに、福島県の一部地域を除いて災害廃棄物等の処理が完了しました[50]。環境政策でも、フィジカルの強さが必須になります。

その後も、二〇一六年の熊本地震などの災害で、大量の災害廃棄物の処理を要する事例が生じ、従来、廃棄物対策は、身近な行政として地方公共団体に多くを委ねていたのですが、国の役割の強化が求められるという特異な経過を辿っています。

(二)　この震災で引き起こされた福島原子力発電所の事故は、また、別の形で、環境法、環境政策にインパクトを与えました。

温室効果ガス削減のため描いてきたシナリオが壊れたこと、原子力規制委員会が環境省の外局となったこと、放射性物質による汚染を環境法の適用除外とする規定を一部見直したこと、それぞれ重大なできごとです。

何といっても、放射性物質に汚染された廃棄物の処理と土壌の除染を、特別措置法に拠って、環境省が担うことになり、とくに除染の中核部分を直轄実施することとなったことで、大きな変化が生じたと思います[51]。

毎年兆単位の予算を計上し、突然膨大な事務を始めるわけですから、体制づくりがとくに大変。既存部局からギリギリ絞り出した上、数百人のスタッフを増強、福島事務所も設ける。幹部の頭の中はこれで一杯。ようやく二〇一七年度末で面的除染を完了し、これから中間貯蔵施設の整備、搬入と言うステージに辿り着きました[52]。

㈢ 現場の実働力が必要となると、最後はフィジカルの強さがものをいいます。

思い返せば、環境庁発足の一九七一年から四〇年、弱小官庁の悲哀をかこってきたものの、それでも、奇妙奇天烈な知恵を絞って、ゲリラ的に、海賊みたいに奮戦してきました。

しかし、二〇一一年の東日本大震災に伴う廃棄物処理、土壌等の除染という地道な力仕事を担うこととなり、急造ではありましたが、それまでにない体制の充実と予算の手当がされます。

気が付いてみると、正規軍、ミニ陸軍の様相を呈しているではありませんか。

スケールは小さいし、にわか陸軍で大変でしょうが、現場

・兵力、軍資、兵器の優越
・兵員の訓練・統制の充実
・伝統の戦闘ドクトリン
堂々たる正規陸軍か？
ドレークの私掠船か？
・少兵力、貧弱な兵装
・ぶっつけ本番、機動力
・独創的戦闘ドクトリン

の地力がついてくれば、正攻法で必要な施策を粛々とこなせる。新しい展開が望めます。

㈣　温暖化対策には、温室効果ガスの排出削減（及び吸収）を図る緩和mitigationと、気候変動が生じた場合でも、被害を軽減回避し、人々の安全や暮らしが守られるようにする適応adaptationの両面があります。太平洋の小島嶼国等では、早くから海面上昇に対する対策等が叫ばれていましたが、異常気象や生態系の攪乱などが頻発するにつれ、適応への関心、位置付けが大きくなっています。

日本でも二〇一八年気候変動適応法を制定53、気候変動適応計画を作って、みんなで取り組む体制を作るというお定まりの姿ですが、そうなると益々地力が問われることは、疑いがないでしょう。

ちょとおまけ　7　向こうへ回って見るからちょっと待って

⑴　ヒフミンアイが流行って、反対側から見たらよいと言われます。

私のはもっと悪くて、

将棋でいよいよ困ったらどうする？

どうするの…

あっと言って後ろを指さして、相手が見ているうちに、盤をひっくり返すんだ！

同じところで考えていると煮詰まってどうしようもなくなる。そういうときには発想の転換をしなさいと言われるが、それができないから困るのだよねぇ～

だから一旦投げ出す。

輸入ＴＶドラマの草創期、ローハイドと言う西部劇があって、キャラの立った炊事番の爺さんがカウボーイを集めて洞話。

「インデアンに囲まれて絶体絶命。そこで儂はどうしたと思う？」カウボーイから色々出たが、どれも違う。「儂は、儂は死んじまったさ」（笑い）

（笑い）が大切で、それがでたら解ける。

⑵

その他施設と言う概念がありました。

その他施設として、ツシマヤマネコの保護センター（拠点となる建屋。内部に収容檻等もある）を二年計画で建設すべく予算計上、その一年目。補正予算を組むので適切な施設があれば要求してもよいというので、じゃっと言って、センター付属の野外観察フィールド（隣接の草地とフェンス）を要求しました。

　でも財務省から「おいおいフェンスに囲まれた草地では、単なる土地取得だ。施設じゃない」と断られたというから、うぅ～ん、確かに野外フィールドを独立要求するとそう見える。

　それじゃこう言え。

「間違えました済みません。補正で要求するのは施設建設予算の二年目の分の前倒しです。なお、来年度当初予算では、施設付属の野外フィールド分を入れて予定通りの額を下さい。」

　カップを三つ伏せてぐるぐる回して、先に入れたチップがどのカップの下にあるか当てさせる大道芸みたいですね。まぁいいか…と付き合ってもらいました。

見方を変える(野生生物保護施設のケース)

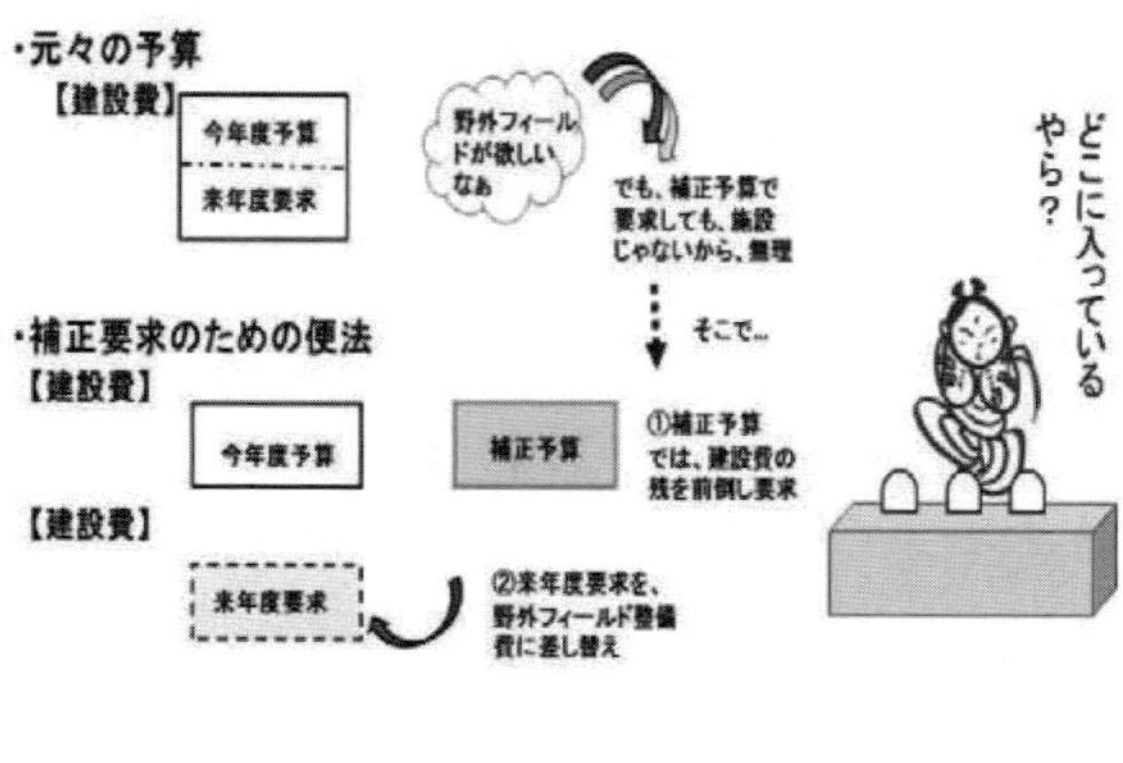

Ⅷ　タラレバでいいじゃないか？

1．パラダイムシフトど真ん中

㈠　一九六二年にトマス・クーンが唱えた「パラダイム」は、科学史の概念ですが、今や「時代の思考を決める大きな枠組み」のように広く使われています。先にも天動説に拠ってガリレオ・ガリレイを断罪した人達のことを言いましたが、この人達は一流の読書人で愚昧無教養ではない。それでも時代の精神に縛られて他の考えを受容できなかったということでしょう。

㈡　かつて二一世紀を前に、世界中の人々がパラダイムシフトを論じ、人類はもっと賢明になれる筈との思いを託し、心が震えたのを思い出します。

物質的豊かさ、あくなき富を求めて、争いに明け暮れた時代は終わり、真の幸せ、安心安全で、共感とや

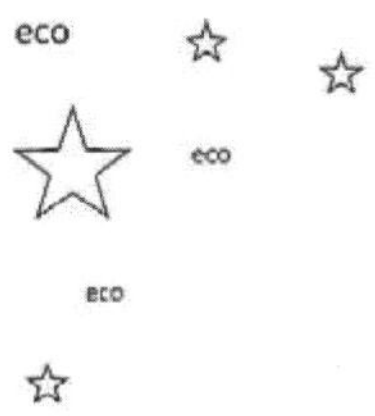

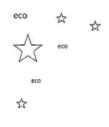

さしさに包まれた、精神的にも充実した生活を求める新しい時代が来る、「戦争、競争」ではなく、「調整、協力」がことを決する、今までの大量、規格化、集中、効率に代えて、コンパクト、多様性、分散、持続可能性が尊重される。

そうしたパラダイムシフトが起こるなら、「環境」は新しいパラダイムのど真ん中。

新しいパラダイムのセンターは誰か？総選挙をしたら、断然「環境」が選ばれるのではないでしょうか？

㈢　でも、先進国では、今までのやり方で繁栄を享受したい、途上国では生き延びるのに忙しくて余裕がない。とてもそんなパラダイムシフトが起こるとは思えないが…

それぞれ、そう考えるのでは、これまでのパラダイムに嵌ってませんか？

「環境」だけでシフトするわけではないので、様々な価値観、社会思潮の大きな変化と共にでないと、眼に見える変化は生じないでしょう。

環境立法で法律の限界に直面する度に不平を言ってきましたが、法律のあり方も含めて、すべてが変わっていくということではないでしょうか。

ちょっと情緒的に言えば、文明のグリーン化です。

2、やさしい眼差し

㈠　ゴーギャンの「我々は何者で、何処から来て、何処へ行くのか」は、心を打つ問いかけです。それがどうであれ、人は富貴と幸福長寿を求め、それが実現することは嘉すべきことですが、後から来るもののために、場所を開けることも、人のありようではないでしょうか？

将来の世代への裨益を真っ向から目的に取り上げているのは、環境法の真骨頂だと思います。

とにかく、次世代のために、今を我慢するという法制は、一寸見当たりません。地球温暖化問題では、将来世代と、繁栄も環境もシェアリングできるように舵取りしなければなりません。

現在の世代の人々の間のシェアリングは、国際会議などを通じて議論し、合意が可能ですが、将来世代はシェアリングのあり方について発言できません。

差し当たり、耐え難い重大な影響を避けるため、世界の平均温度の上昇を二℃以下に食い止めようというのが、あるべきシェアリングについての近似値でしょうが、更に、科学的、倫理的に深められる必要があります。

㈡　エコチル調査と呼ばれている大規模疫学調査があります。

子供の健康と環境について腰を据えて見守っていこう。そこで、赤ちゃんがお母さんのお腹の中にいるときから十三歳になるまで健康状態を定期的に調べる出生コーホート（集団を追跡する）調査が行われています。十万組の子供とご両親が参加する極めて大規模、長期的調査で、世界にも例を見ない。

大変費用が掛かって、しかも、当座は何も結果が出ないから、再三、事業仕分けの対象に挙げられましたが、その度ごとに、これぞ国の仕事、民間ではできないことだから、しっかりやれと言われています。小児科の先生、保健所の人、お母さん絶賛。

何年も経ってから子供の健康に変化が認められるのでしょうか？それを感度良く捉えないといけないと言うことですが、顕著なことは、何も起こらないかも知れません。

それは幸いです。

該当なければ、なお喜ばし、という言葉があります。

環境汚染による擾乱が、子供たち、次の世代に悪影響を及ぼしていないのなら、あぁよかったということでしょう。

エコチル調査は、未来に向けての子供たちの健康センサスですが、緑の国勢調査が自然環境保全法に位置付けられているようには、環境法の根拠を持ちません。

このことは、環境法の限界なのか？それとも、これを法律上に位置付ける必要がないのが幸せなことなのか？答えは先にあるようです。

3．「神ってる」は、どうかと思いますが…

(一)「神！」とか「神っている」が多用されるようになって、西洋かぶれ、神を安易に使うな、という気持ちも湧きますすし、単にチョーとかレアで使うのは、いくら何でももと抵抗を感じます。

でも、スポーツの世界では、ミハイ・チクセントミハイのいうフローの流れに乗ってるとか、更にゾーンに入るなど、完全に没頭集中し、状況と時間を支配している感覚で、超絶的な成功がもたらされることがあると言われます。

成長を見守って

㈡　立案折衝でも、難航、朦朧としているうちに、そうしたゾーンに入ったと思う時がありました。

自動車NOx法案の各省調整が難航して、提出期限ギリギリになる。〝環境省は、追い詰められて捨て身の突撃をするのではないか〟そう考えた関係各省は、関係議員や事業者と連絡を取って断固阻止する迎撃陣を布いて待ち構えている。

これじゃダメだ。頭を切り替えて、やりたいこと優先、すべて環境サイドでやろうとしたのをやめて、各省のできることは各省にやってもらう。役に立つ施策を持って来たら、みんな主務大臣だ、権限を認める。敵前大回頭をして合意を取り付けました[54]。

しかし…、各省とセットできても、関係議員、関係事業者にまで説明する時間がない。審議会の答申が必要だが、

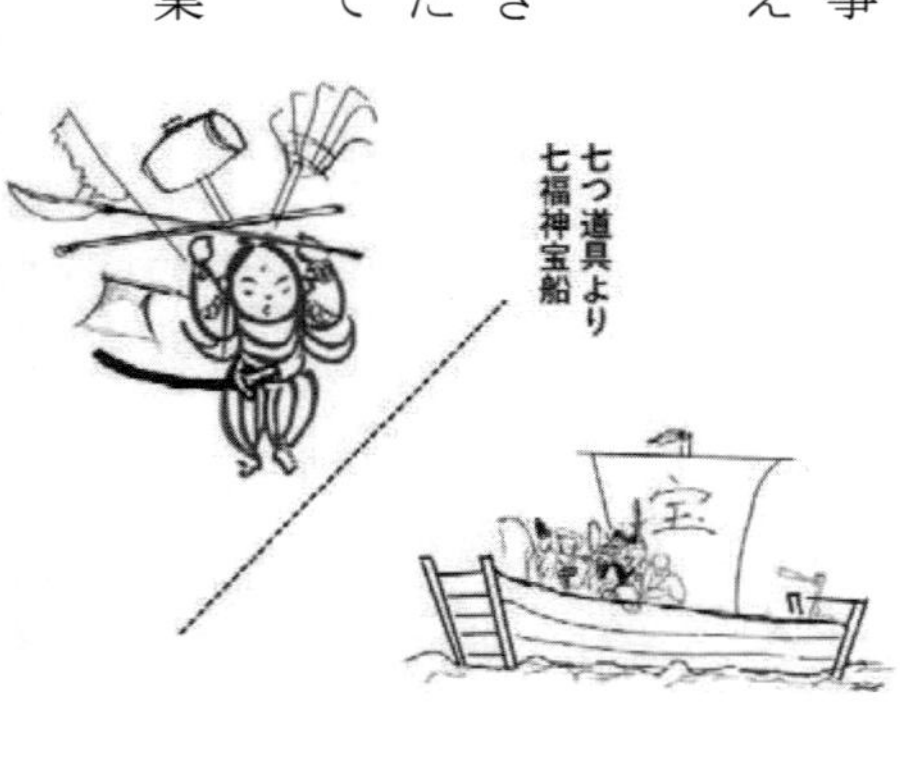

議論の組み立て直しをお願いしなければならない。どう考えても提出期限はキープできない、でも、なぜかできる！。

心配した各省の多くの担当者から助け舟が出されて、みんなで手分けして関係方面に説明する、各省連名の統一資料があった方がいいからお前すぐ作れよ！

自動車NO_x法で採用した各省に対策を持ち寄ってもらう方式は、「七福神宝船」方式ですが、皆で神輿を担いで駆け込めたのは、「神って」ました。

4. 世界一厳しい規制は、古い？

㈠「あんた、世界一厳しい規制はもう古いですよ！これからは電気自動車EVでなくちゃ」

十年前そう言われて驚きましたが、いよいよ、実際にそうなろうかという情勢になってきました。

十年前驚いたのは、その意見が先覚的だと驚いたんじゃないんです。三十年前の一九九〇年頃から、合理的に考えてEVに真剣に取り組まない手はないと考え、営々普及策を繰り出すも遅々として進まなかったのに、今じゃそういうことを言う人が出てきたのか、苦笑とも感激ともつかない想いでした。

(二)　自動車大気汚染が緊急の課題であった当時、ＥＶは最も優れた解でしたし、将来温暖化対策でエネルギー効率が問題になっても、電源を色々工夫することで対応できる。小さな内燃機関で技術開発するより、大きな電源側の技術の方が選択肢が広い。環境保全上は、どう考えても大局方向に合っていました。

もちろん、航続距離を始め、性能に大きな問題がある状況でしたが、よく聞いてみれば決定的ではない。何故なら、内燃機関エンジンは、Ｔ型フォードの成功以来九十年、ひたすら技術開発と大量生産競争が進められ、製品として作りこみの頂点にある。しかも、規制や税制、エネルギースタンド等すべての社会装置が内燃機関用に出来上がっている。

一方当時のＥＶは、内燃機関車の改造車で、エンジンの代わりにモーターを載せたら、電池はどこに置くのだろう？ということで、電気自動車の特性を生かす設計もなければ、電池の開発もされていない。部品もあり合わせ叩き大工。やるべきことは山ほどある。

単純に比較するのはおかしいので、将来のポテンシャルを熟慮すべきと、再三大メーカーの幹部の人と議論したのですが、反応が鈍かった。

(三)　何とか普及の端緒を作ろうとして、低公害車フェアへの陳列を始め、航続二〇〇キロメートルに達するプロトタイプ車を開発したり、地方公共団体と組んで公用車への導入をやったり、様々なことをしましたが、先の喩でいえば、フレーフレーと言う人はいるが、弾み車が巨大すぎて回りません。

そうこうするうちに、ハイブリッド技術が出てきて、一世を風靡します。

裾野の広い産業で、責任も大きいとなると、一足飛びに純ＥＶでなく、一段階入れるという方針を採ったことも納得はできるのです、そして、ハイブリッド技術が、日本の環境対策車が世界を圧倒する原動力になった面も認めるのですが、…

でも、それだけの努力を、純ＥＶに注いでたら、どうなったでしょうか？

繋ぎにどうしてもハイブリッドが必要なら、駆動は電気モーターにしておいて、小さなジェネレーターを補助に積むわけにはいかなかったのでしょうか（定常的に回せるから、技術的にも、環境対策上も簡単）。ブツ、ブツ、ブツ…

明らかに優れると思っても、力づくでは実現しない。経済社会、世界の大きな流れの中で活かせるような進め方ができなかったか、できタラ、できレバ、一番大きなタラです。

㈣　タラレバならどうだったか？

大義は我にある、奮励努力した、なのに強力な反対で頓挫し停滞した。

アセス世界大戦当時、鯨岡兵輔大臣は『重大な決意がある』と気迫で敢闘。丁度〝ヤンバルクイナ〟が発見されたので〝ガンバルクジラ〟と称賛され、ようやくアセス法案の国会提出に漕ぎつけましたが、そこまで。

こうしたことが起こる度に、かつては、これは、どこでタラレバしたのか、タラレバ残念としか考えられませんでした。

しかし、経済社会、世界で起こることは、いつも思いもよらず複雑です。シュレーディンガーのネコみたいに、開けてみるまでは、様々な可能性が重ね合わされています。

〝開けてネコが死んでいたという結果は容認できないが、現実はそうかもしれない〟と諦めるのでは、やはり、決定論の呪縛に陥っているように思います。

無限の可能性が重ね合わされているのなら、無数のパラレルワールドがあるのなら、〝ネコは生きている、人類は賢くなれる、そういう現実が必ず入っている〟筈です。嬉しい限りです。

㈤　カール・セーガンの宇宙カレンダーでは、宇宙が始まってからの年月を一年の暦にプロットして、人類の誕生は大みそかの夜一〇時半、新年の四秒前になってキリストが現れます。宇宙の歴史の悠久さを語るにはいいですが、人類活動が、なんだか、せからしく見えます。

カレンダーをめくって、太陽が終焉に向かって起こす熱膨張（これだけは無事では済まない）が起こる七〇億年後を辿れば、来年五月の連休過ぎまで、じっくり取り組む、いやになる程長い時間が横たわっています。

これでもできない、駄目だという法はないでしょう。

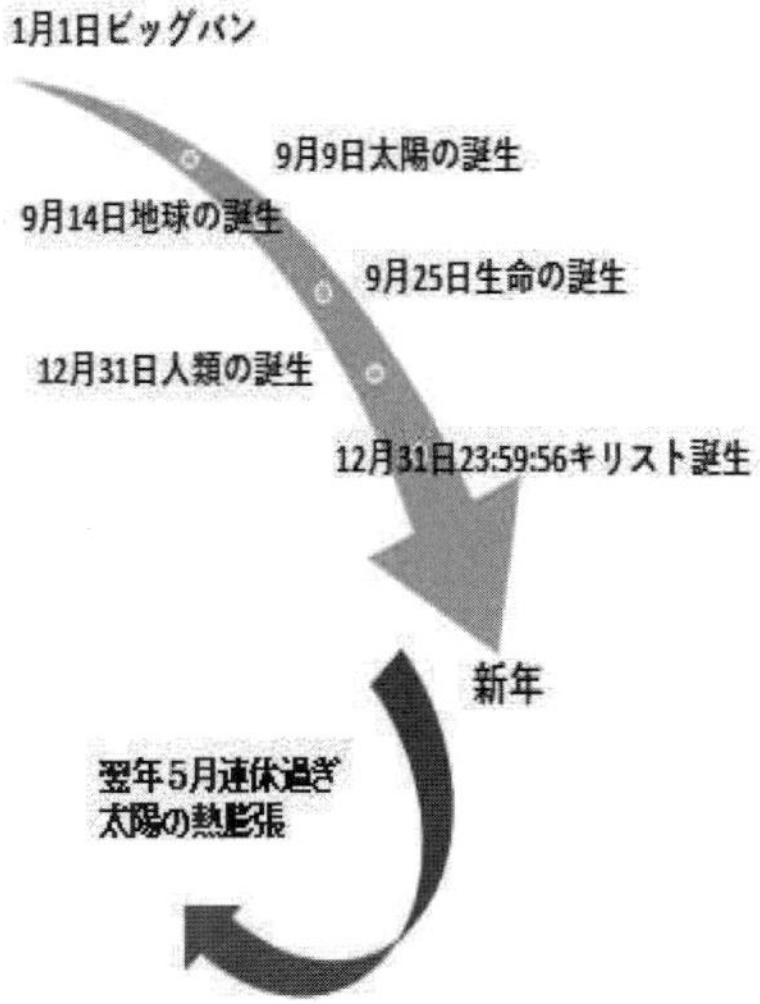

Ⅸ　これからも困る。それがよい

一九七一年環境庁が発足しましたが、汚染規制だけでは行き詰ってきた。そこへ、地球環境問題がクローズアップされて、これからは国際展開だ、啓示された人類的課題に取り組むのだと息を吹き返します。

一九九二年リオで開かれた国連地球環境サミット以降、環境基本法もできて、持続可能な発展が時代のキーワードとなります。ｗｉｎ－ｗｉｎを目指して社会全体を変革する！

しかし、これは中々環境法制の発展に繋がらない。どうなるだろうと思っていると…

二〇一一年東日本大震災が起きて、がれき処理や除染を担うため、陸軍化してくる。土壌汚染や保管ＰＣＢの処理[55]等ストック汚染対策のための大事業が必要となった。

さて、このあとは？

正解は一つとは限りません。

当面は、国際展開型、ｗｉｎ-ｗｉｎ追求型、ストック大事業型、あるいは更に新しいものが、併行していくのでしょうが。

社会全体が良くなるように、個々のどの人も良くなるように、そのためにどうすると、いつも、きっと困っていくのでしょうねえ～

世の中は段々世知辛くなってきて、様々な意見、要求が出され、沢山の苦情、不満が渦巻いていくでしょうが、多様性は文明の糧です。

ローマを空前の隆盛に導いたカエサルは、「寛容」クレメンシィを施政方針にしました。

困っていく、それがいいと思います。

答えは天から降ってくると思って、困って悩んでいくことが、誠実につながる、そういう環境法であって欲しいと思います。

【注釈】

1　大気汚染防止法（昭四三法九七）一九条一項に基づき環境大臣が「自動車排出ガスの量の許容限度」を定めて告示。これを受けて国土交通大臣が、道路運送車両法（昭二六法一八五）四〇条以下の規定に基づき保安基準を定める。

2　大気汚染防止法三三条、水質汚濁防止法（昭四五法一三八）三〇条

3　大気汚染防止法三条、水質汚濁防止法三条

4　騒音規制法（昭四三法九八）二条二項、振動規制法（昭五一法律六四）二条二項、悪臭防止法（昭四六法九一）四条一項

5　大気汚染防止法五条の二

6　環境基本法（平五法九一）一六条

7　大気汚染防止法と水質汚濁防止法の該当条文＝A大気一三条一項、水一二条一項、B大気一四条一項、水一三条一項、C大気六条以下、水五条以下、D大気一六条、水一四条

8　大気汚染防止法二章の五（有害大気汚染物質対策の推進）一八条の三六以下及び附則九項（指定物質抑制基準）以下

9　法制執務研究会編『新訂ワークブック法制執務』（ぎょうせい二〇〇七年）

10　大気汚染防止法五条の二以下

11　水質汚濁防止法四条の二以下

12　大気汚染防止法二章の二（揮発性有機化合物の排出の規制等）一七条の三以下

13 工業用水法（昭三一法一四六）、ビル用水法＝建築物用地下水の採取の規制に関する法律（昭三七法一〇〇）

14 自動車ＮＯx・ＰＭ法＝自動車から排出される窒素酸化物及び粒子状物質の特定地域における総量の削減等に関する特別措置法（平四法七〇）一二条以下。制定時はＮＯxのみ。二〇〇一年改正でＰＭが加わった。本書では、当初の自動車ＮＯx法の略称を用いる。

15 水質汚濁防止法一二条の三（特定地下浸透水の浸透の制限）、一二条の四（有害物質使用特定施設等に係る構造基準等の遵守義務）以下

16 水質汚濁防止法一四条の三

17 土壌汚染対策法（平一四法五三）七条、八条

18 化学物質審査規制法＝化学物質の審査及び製造等の規制に関する法律（昭四八法一一七）三条以下

19 ＲＥＡＣＨ規制（Registration, Evaluation, Authorization and Restriction of Chemicals）二〇〇六年実施　生産者・輸入者に、その生産・輸入する全化学物質（年一トン以上）の人類・地球環境への影響についての調査及び欧州化学物質庁への申請・登録を義務付け。日本でも二〇〇九年に、事業者に場合により調査等を指示できる化学物質審査規制法の改正が行われている。

20 ＰＲＴＲ法＝特定化学物質の環境への排出量の把握等及び管理の改善の促進に関する法律（平一一法八六）

21　ＮＥＰＡ(The National Environmental Policy Act of 1969) Sec.102(2)(c)において、人間環境の質に重大な影響を及ぼす主要な連邦行為については、環境影響についての詳細なステートメントを要すると定められたことから、ＥＩＳ（Environment Impact Statement）を軸とするアセスメント制度が発達していった。

22　湖沼法＝湖沼水質保全特別措置法（昭五九法六一）

23　アセス法＝環境影響評価法（平九法八一）

24　環境影響評価法三三条〜三八条

25　環境と開発に関するリオ宣言（一九九二国連地球環境サミット）

26　オゾン層保護に関するウィーン条約（一九八五採択一九八八発効）、オゾン層を破壊する物質に関するモントリオール議定書（一九八七採択一九八九発効）、履行法として、特定物質の規制等によるオゾン層の保護に関する法律（昭六三法五三）、フロン類の使用の合理化及び管理の適正化に関する法律（平一三法六四）、ロンドンダンピング条約（一九七二採択一九七五発効）、マルポール七三／七八条約（一九七三、一九七八採択一九八三発効）等、履行法として海洋汚染防止法＝海洋汚染等及び海上災害の防止に関する法律（昭四五法一三六）

27　国連気候変動枠組み条約（一九九二採択一九九四発効）、京都議定書（一九九七採択二〇〇五発効）、パリ協定（二〇一五採択二〇一六発効）、

28　パリ協定三条において、全ての締約国に自国が決定する貢献の通報を求めている。温暖化対策法＝地球温暖化対策の推進に関する法律（平一〇法一一七）八条に地球温暖化対策の総合的かつ計画的な推進を図るための地球温暖化対策計画の策定が定められている。

29 生物多様性条約（一九九二採択一九九三発効）五条に、生物の多様性の保全及び持続可能な利用を目的とする国家的な戦略が定められている。生物多様性基本法（平二〇法五八）一一条に、生物多様性国家戦略の策定が定められている。
30 石油石炭税法（昭五三法二五）、
31 固定価格買い取り法＝電気事業者による再生可能エネルギー電気の調達に関する特別措置法（平二三法一〇八）
32 オゾン層保護対策については、前出注26参照。
33 名古屋議定書（二〇一〇採択二〇一四発効）
34 種の保存法＝絶滅のおそれのある野生動植物の種の保存に関する法律（平四法七五）。希少野生生物の国際的保護については、ワシントン条約（一九七三採択一九七五発効）がある。
35 鳥獣保護管理法＝鳥獣の保護及び管理並びに狩猟の適正化に関する法律（平一四法八八）。鳥獣の定義は二条一項
36 動物愛護法＝動物の愛護及び管理に関する法律（昭四八法一〇五）
37 動物愛護法四四条に罰則。同条四項に愛護動物の定義。
38 アスベスト被害救済法＝石綿による健康被害の救済に関する法律（平一八法四）
39 公健法＝公害健康被害の補償等に関する法律（昭四八法一一一）。西尾哲茂著『わか～る環境法』（信山社二〇一七年）を参照ください。
40 グリーン購入法＝国等による環境物品等の調達の推進等に関する法律（平一二法一〇〇）
41 世界の文化遺産及び自然遺産の保護に関する条約（一九七二採択一九七五発効）

42　自然公園法（昭三二法一六一）二〇条（特別地域）、二一条（特別保護地区）が基本。二三条（利用調整地区）、四三条以下（風景地保護協定制度）、二二条（海域公園地区）、二〇条三項一七号（車馬乗り入れ規制地区）など。なお、自然環境保全法（昭四七法八五）は専ら保護を目的としている。

43　外来生物法＝特定外来生物による生態系等に係る被害の防止に関する法律（平一六法七八）

44　㈠循環型社会形成推進基本法（平一二法一一〇）。㈡廃棄物処理法＝廃棄物の処理及び清掃に関する法律（昭四五法一三七）。㈢（リサイクルループ構築）特定家庭用機器再商品化法（平一〇法九七）、容器包装に係る分別収集及び再商品化の促進等に関する法律（平七法一一二）、使用済自動車の再資源化等に関する法律（平一四法八七）、使用済小型電子機器等の再資源化の促進に関する法律（平二四法五七）、（部分慫慂）建設工事に係る資材の再資源化等に関する法律（平一二法律一〇四）、食品循環資源の再生利用等の促進に関する法律（平一二法一一六）、資源の有効な利用の促進に関する法律（平三法四八）。なおこの資源有効利用促進法は廃棄物処理法の適用除外というよりは二つの法律で棲み分けがされている。

45　有害廃棄物の国境を越える移動及びその処分の規制に関するバーゼル条約（一九八九採択一九九二発効）。履行法として、バーゼル法＝特定有害廃棄物等の輸出入等の規制に関する法律（平四法一〇八）

46　環境教育法＝環境教育等による環境保全の取組の促進に関する法律（平一五法一三〇）

47　自然公園法六四条

48 特に水鳥の生息地として国際的に重要な湿地に関する条約(一九七一採択一九七五発効)に基づき締約国が湿地を登録して、水鳥の保護と湿地の保全を図る。

49 環境省設置法(平一一法一〇一)

50 東日本大震災により生じた災害廃棄物の処理に関する特別措置法(平二三法九九)

51 平成二十三年三月十一日に発生した東北地方太平洋沖地震に伴う原子力発電所の事故により放出された放射性物質による環境の汚染への対処に関する特別措置法(平二三法一一〇)

52 中間貯蔵・環境安全事業株式会社法(平一五法四四)

53 気候変動適応法(平三〇法五〇)

54 自動車NO_x法 六条の総量削減基本方針の策定のため、盛り込むべき施策を持ち寄った大臣は、その限りで主務大臣である。その趣旨で同条六項において、当該削減施策を所管する大臣には、閣議前に予め協議する特別な位置づけを規定している。

55 ポリ塩化ビフェニル廃棄物の適正な処理の推進に関する特別措置法(平一三法六五)

著者紹介

西尾哲茂（にしお てつしげ）

1972年東大法学部卒，同年環境庁入庁。2001年環境省自然環境局長，以後官房長等を経て2008年環境事務次官。この間，公害健康被害補償法，環境影響評価法案，自動車NOx・PM法，環境基本法，地下水浄化命令，土壌汚染対策法，VOC規制，石綿被害救済法の立案，自然公園整備事業の公共事業化，エコポイントの実施などに参画。2009年退官。2010年早稲田大学大学院環境・エネルギー研究科教授，2011年から2017年まで明治大学法学部教授。

近著に『わか〜る環境法』（信山社，2017年）。

挿絵は，「なっちゃん」との合作です。

この本は環境法の入門書のフリをしています

2018年（平成30年）7月20日　第1版第1刷発行　020

著　者　西　尾　哲　茂
発行者　今　井　　貴
　　　　稲　葉　文　子
発行所　㈱　信　山　社
〒113-0033 東京都文京区本郷6-2-9-102
電話　03(3818)1019
FAX　03(3818)0344
Printed in Japan

印刷・製本／ワイズ書籍・渋谷文泉閣
ISBN978-7972-6049-6 C1200

わか～る環境法　西尾哲茂 著

◆ワクワクしよう！

Ⅰ　環境法制の基本
　1　環境法の発展
　2　環境基本法
　3　環境基準

Ⅱ　汚染規制法制
　1　汚染規制法の基本構造
　2　大気汚染防止法制
　3　自動車大気汚染防止法制
　4　水質汚濁防止法制その他の汚染規制法制
　5　地下水汚染・土壌汚染等ストック型汚染の防止法制
　6　汚染規制手法の変遷
　7　化学物質など物質に着目した汚染防止法制
　8　汚染被害の回復・賠償に関する法制

Ⅲ　経済社会変革法制
　1　地球温暖化防止の国際法
　2　地球温暖化防止の国内法制
　3　廃棄物処理法制
　4　循環型社会形成推進法制
　5　地域的自然環境保全法制
　6　生物多様性保全法制
　7　環境影響評価法制
　8　多様な経済社会変革法制
　9　オゾン層保護，海洋環境保全など国際取り組み法制

Ⅳ　環境法制と国家機構
　1　環境行政組織
　2　地方公共団体と環境行政
　3　裁判所と環境法制
　4　東日本大震災のインパクト

◆ちょっとおまけに

◇ 始めがあって終わりがある◇

環境法研究　大塚直 責任編集